电工电子技术实验任务书

主编 辛永哲 郭淑清

北京理工大学出版社
BEIJING INSTITUTE OF TECHNOLOGY PRESS

版权专有　侵权必究

图书在版编目（CIP）数据

电工电子技术实验任务书 / 辛永哲，郭淑清主编. —北京：北京理工大学出版社，2017.3（2024.8重印）

ISBN 978-7-5682-3766-6

Ⅰ. ①电… Ⅱ. ①辛… ②郭… Ⅲ. ①电工技术–实验–高等学校–教学参考资料 ②电子技术–实验–高等学校–教学参考资料 Ⅳ. ①TM-33 ②TN-33

中国版本图书馆 CIP 数据核字（2017）第 040533 号

出版发行 /	北京理工大学出版社有限责任公司
社　　址 /	北京市海淀区中关村南大街 5 号
邮　　编 /	100081
电　　话 /	（010）68914775（总编室）
	（010）82562903（教材售后服务热线）
	（010）68944723（其他图书服务热线）
网　　址 /	http://www.bitpress.com.cn
经　　销 /	全国各地新华书店
印　　刷 /	北京虎彩文化传播有限公司
开　　本 /	787 毫米×1092 毫米　1/16
印　　张 /	6.5
字　　数 /	148 千字
版　　次 /	2017 年 3 月第 1 版　2024 年 8 月第 5 次印刷
定　　价 /	33.00 元

责任编辑 / 封　雪
文案编辑 / 张鑫星
责任校对 / 周瑞红
责任印制 / 李志强

图书出现印装质量问题，请拨打售后服务热线，本社负责调换

前 言

"电工电子技术"是高等院校非电类工程专业的技术基础课程,其中实验教学是重要组成部分。本教材根据国家教育部高等院校电子电气基础课程教学指导委员会《电工学教学基本要求》的实验教学方面的有关规定,结合各院校、各个专业的教学要求与特点,特编制了本实验任务书。

以往的"电工电子技术"课程实验指导书主要以实验指导为宗旨,虽然它在提高学生实验技能、完成实验任务等方面起了很重要的作用,但通过多年的教学实践发现,单纯的实验指导书已经不能全面满足当今高等教育对实验教学的要求,因此,我们以提高学生的实验技能为目的,以提高教学质量为宗旨,改变传统实验教学指导形式,设计出了全新的电工学实验教材——电工电子技术实验任务书。

本实验任务书的主要特点是将实验预习、实验指导、实验考核和实验报告等整个实验过程融为一体,是一种全新理念、全新架构的新式实验教材。通过十多年的教学实践证明,本教材可以提高学生对实验课程的重视程度,使学生认真对待每个实验环节,真正达到提高实验效果的目的。其中实验考核形式具有考核实验的全面性、规范性、可操作性以及一定的公正性。虽然实验任务书表面上增加了一些环节,似乎增加了学生的负担,但因减少了以往大量的重复抄写等环节,提高了学习效率,提升了实验效果。

结合高等院校各专业设置情况,并考虑到教学条件和教学要求的差异,实验任务书中的实验项目分成两部分,一部分是电工技术(共五个实验),另一部分是电子技术(共五个实验)。各院校可根据各自专业大纲要求,按照实验学时选定相应的实验项目。

本书由辛永哲(北华大学)、郭淑清(北华大学)担任主编,汪兴(北华大学)、全恒光(吉林铁道职业技术学院)、车长今(北华大学)担任副主编。

由于编者水平有限,编写时间仓促,书中不妥之处,恳请读者批评指正。

编　者

目 录

第一部分　实验要求与注意事项 ································· 1
第二部分　实验项目 ··· 7
 实验一　叠加原理和戴维南定理 ····························· 9
 实验二　日光灯电路及其功率因数的提高 ···················· 15
 实验三　三相交流电路 ··································· 22
 实验四　鼠笼式电动机的顺序控制和时间控制 ················ 28
 实验五　鼠笼式电动机继电接触控制电路的设计性实验 ········ 33
 实验六　单管交流电压放大电路 ··························· 37
 实验七　集成运算放大器的线性应用 ······················· 44
 实验八　晶体二极管整流、滤波及稳压电路 ·················· 51
 实验九　基本门电路实验 ································· 58
 实验十　组合逻辑电路综合性实验 ························· 65
第三部分　常用电工仪表的使用方法 ···························· 69
 一、数字万用表 ·· 71
 二、直流稳压电源 ······································ 74
 三、功率表 ·· 76
 四、交流电压表 ·· 79
 五、交流电流表 ·· 81
 六、低频信号发生器 ···································· 81
 七、双踪（双线）示波器 ································ 84
 八、DLS-18 数字电路实验箱 ····························· 95

第一部分　实验要求与注意事项

東亜考古学要史　松崎壽和

一、实验预习

实验能否进行得顺利，能否达到预期效果，在很大程度上取决于预习是否充分，效果是否良好。每次实验前，学生应按任务书的预习要求，充分准备，否则实验将事倍功半，而且有损坏仪器设备或发生人身事故的危险。为了确保预习效果，每次实验前指导教师将对学生的预习情况进行口头或书面检查。凡没有达到预习要求的学生暂不能参加或停止本次实验。

预习要求：

（1）明确实验要达到的目的，掌握实验的基本原理。

（2）了解实验仪器设备的使用方法以及注意事项等，特别要警惕易损仪器设备的使用方法。

（3）认真解读实验电路，预先考虑如何正确无误地完成接线。虽然电路接线无定式，但每个电路都有其规律和特点。要勇于探索，善于总结，使接线能力迅速提高。

（4）应预知本次实验测量数据的大致范围，哪些是需要测定的数据和哪些是间接计算得到的数据，以及计算公式。应预先考虑实验结果的规律性和及时判断测量数据是否正确。

（5）根据实验的要求，或预先设计具体的实验电路，或根据实验给出的参数，预先选择好仪器设备的量程和额定值。

（6）按实验预习要求的内容逐项认真填写（其中包括预先完成的计算数据，供实验参考）。

二、实验操作

1. 实验人员的工作分配

为了达到良好的实验效果，每个实验小组人数一般不超过 2 人。同组人员要合理分工和协调配合，以养成良好的实验习惯。实验过程中的连接电路、检查电路、读取数据、记录数据等实验操作工作，尽量由组员轮流担任，以使每一位学生都有全面训练、实践的机会。遇到复杂电路时，可由组员分别负责连接其中的一部分，然后对调检查。

2. 电路的连接

为了能在规定的时间内顺利完成实验的全部任务和掌握正确的接线习惯，还应掌握连接电路的正确方法和接线技巧。

电路的连接可按下列原则和顺序进行：

（1）连接电路前，要事先掌握仪器、仪表的使用方法和连接方法，明确各段线路中应该连接的电器、仪表等。

（2）合理安排电器、仪表的位置，既整齐美观、易于连接，又操作简单、读数方便以及安全，同时还使操作者在操作时能够观察到各种仪表的反应情况。

（3）一定要培养严格按电路图连接电路和检查电路的习惯。

（4）电路连接应尽量简单、整齐，尽量达到几乎不用动手就能检查整个电路。这样在必要时，也为使用仪表检查电路提供方便。

（5）先连接主电路，例如连接单相电路时，先从电源的一端出发，顺次下去，最后回到电源的另一端，把主要的串联电路连接成闭合回路。其次连接各并联回路，如伏特计和瓦特计的电压线圈等。检查电路时也应按这样顺序进行。

（6）主电路和电流大的电路用粗导线连接。

（7）电路的走线位置要合理，导线的粗细长短要合适。导线太长，会使电路不清楚，检查不方便；导线太短会使仪器彼此牵扯，导线容易被拉脱而与其他接线头碰接引起事故。接线柱要接触良好并避免连接三根以上导线，可将其中一些导线分散到同电位的其他接线柱上。

（8）接线完毕后，要养成自检的习惯，自检无误后，请指导老师复查，经允许方可接通电源。

（9）实验结束后的接线练习，如需通电也要经指导教师检查通过。

3. 观察现象，测定数据

（1）电路接电源前，应检查各仪表指针是否在应有的位置上（如零位），否则应加以调整，以免在测量时发生误差。

（2）电路在接通电源后，不要马上测量数据，而应首先将实验过程操作一遍，观察现象的全部变化情况以及各仪表读数的变化范围，然后逐项进行实验，记录数据。

（3）测量某一组数据时，应尽可能在同一瞬间读取各仪表的数据，以免由于电源电压等参数变化而引起误差。

（4）读取数据时应力求准确，但也没必要花费过多时间用于测量数据；虽然测量数据固然重要，但在实验过程中观察和理解所发生的现象也同样重要，并且熟悉电器、电动机、电气线路的基本结构和掌握它们工作原理以及使用方法，否则达不到实验的目的。

（5）完成数据测量后，先自行判断数据是否正确（如与预习的计算结果进行比较），并请指导教师审核。然后方可更改或拆除线路，以免因数据错误，重新接线，花费不必要的时间。

三、安全及注意事项

1. 人身安全

电工实验所需电压超过安全电压范围，操作不当容易造成人身伤害，甚至生命危险。所以每个学生都要加强安全意识，安全意识要贯穿整个实验过程。

（1）不允许用手接触任何没有绝缘的带电导体及接线柱。连接电路或改接电路时必须先断开电源。

（2）接通电源需经指导教师允许，并应提醒全组人员注意。

（3）在做电动机类旋转设备实验时，要防止身体碰到电动机的旋转部分，并防止围巾、衣角以及长头发被电动机的转轴卷绞住。

（4）断开电源后，电动机尚在减速转动时，不要用手或脚去制动电动机。

（5）特别提示：学生在测量数据时往往安全意识松懈，大部分伤害发生于这个过程。

2. 设备安全

实验室中的所有设备都是国家财产，应加以爱护。

（1）电表是精密的仪器，要轻拿轻放。使用时，应先选择适当的量程，如事先不能确定被测量的数值范围，则先选用较大的量程。电器、电动机等都要根据其铭牌上的数据来使用。

（2）必须经指导教师检查，才能接通电源。电路改接后必须经指导教师检查。

（3）闭合电源开关时，应迅速果断，此时不要注意开关，而应注意各仪表、电器及电动机的指示（显示）和动作情况。

（4）实验过程中调节电路某一元件参数时，不要只留心某个仪表的读数，要同时留心所有仪表的读数和电器、电动机的运转是否正常。

（5）在整个实验过程中，要随时注意有无异常现象，例如电动机转速过高，转动时声音不正常或冒火花，电路中电流过大，电器和电动机过热，有无绝缘材料烧焦的气味等。如发现不正常的现象以及发生烧断熔断丝等故障时，不要惊慌失措，应立即拉开电源开关，请指导教师检查处理。

（6）特别提示：电工仪器、仪表的损坏都在瞬间发生，所以，一定要连接正确，量程适当。特别是在使用电流表和功率表时，要倍加小心。

3. 安全责任

由于学生违反以上规定和要求造成的一切人身安全事故由学生自己负责，损坏设备仪器要照价赔偿。

总之，实验中应认真细致，不要大声喧哗和嬉耍，实验室要保持安静。

四、实验报告

实验报告是对整个实验过程的全面总结，它是教师考核学生实验成绩的主要依据。实验报告的书写要求字迹工整、语言通顺、图表清晰、计算准确、分析合理、讨论深入。

（1）除实验数据与同组人员相同以外，每位同学的实验计算、讨论和结论部分都应避免雷同。

（2）实验报告内容按每项要求逐一填写。

五、成绩评定

实验成绩评定由三部分构成：预习部分成绩由指导教师根据学生完成预习内容质量，在实验前给出；实验过程成绩（包括电路接线、数据采集、故障处理能力、实验态度等）由指导教师或任课教师根据学生完成实验具体情况，在实验过程中或实验结束后现场给出；实验报告成绩由任课教师根据学生完成实验报告的质量，在实验结束后给出。

特别提示：实验成绩是学生课程总成绩的重要组成部分，指导教师与任课教师一定要认真对待，要尽职尽责，全面、规范、公正地评定各部分成绩。

学生在做实验之前必须阅读以上实验要求和注意事项，并签字证明。

学生签字：

年　　　月　　　日

第二部分 实 验 项 目

  此部分共设定了十个实验项目。每个实验都含有预习要求、实验指导、实验报告、实验考核等内容。学生与指导教师共同按要求完成实验任务，提高实验效果。

实验一

叠加原理和戴维南定理

一、实验目的

(1) 验证并加深理解叠加原理和戴维南定理。
(2) 学习测量等效电动势和等效内阻的方法。
(3) 正确使用数字万用表和直流稳压电源。
(4) 提高接线能力。

二、实验原理

1. 叠加原理

线性电路中，任一支路中的电流（或电压）等于电路中各个电源分别单独作用时在该支路产生的电流（或电压）的代数和。在应用叠加原理时，不能改变原电路结构。去掉不作用的理想电压源的方法是将其短路。

2. 戴维南定理

任何一个有源二端线性网络都可以用一个电动势 E 和内阻 R_0 串联的等效电压源来代替，如图 2-1 所示。等效电压源的电动势等于有源二端线性网络的开路电压 U_0，等效电压源的等效电阻 R_0 等于有源二端网络中去掉所有电源（将各个理想电压源短路，理想电流源开路）后所得到的无源二端网络的等效电阻。

图 2-1 戴维南定理

有源二端线性网络的开路电压 U_0 和等效电阻 R_0，可以通过实验的方法测得，用万用表的电压挡和电阻挡分别直接测出。

三、实验仪器和设备

(1) 实验电路板　　　　自制　　　　1 块
(2) 直流稳压电源　　　WVJ-2　　　 1 台
(3) 数字万用表　　　　DT-830　　　1 块

四、实验电路

叠加原理和戴维南定理实验电路如图 2-2 所示。

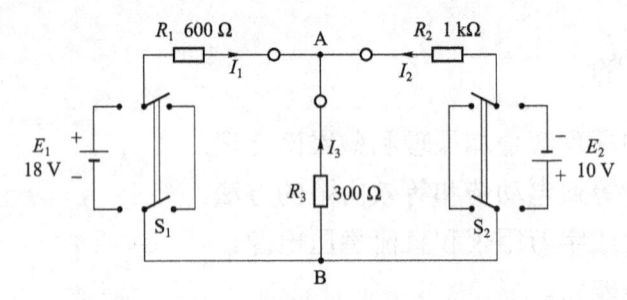

图 2-2　叠加原理和戴维南定理实验电路

提示：

(1) 在实验电路板上用插接线简单连接后才能获得此实验电路。

(2) 图 2-2 中的圆孔表示电流测量插孔，将电流表表笔插入电流插孔，就可测得该支路电流大小。

(3) 图 2-2 中 S_1 和 S_2 表示双掷开关，它可以投掷到左侧或右侧。当开关投向电源侧，就是电路与电源连通；当开关投向短路侧就是将电源去掉（电压源短路）。

五、实验内容及步骤

1. 叠加原理

(1) 检查直流稳压电源是否已经通过插销连接到交流 220 V 电源上（连接工作由实验指导教师完成），并打开直流稳压电源的电源开关（此时电源指示灯发出红光）。首先调节电压挡位旋钮选择电压区间，然后缓慢调节电压微调旋钮，使第一路输出端电压 $E_1=18$ V，第二路输出端电压 $E_2=10$ V，这些数据须用数字万用表直流电压挡测定，然后关闭稳压电源待用。

(2) 按实验电路图 2-2 完成接线。经指导教师检查无误后接通稳压电源（接线时要特别注意电源方向)。

(3) 分别测量下列三种情况下电阻 R_1、R_2、R_3 上的两端电压和 R_3 中的电流,并将数据填入表 2-1 中。

① 电源 E_1、E_2 同时作用于电路(S_1—"左",S_2—"右")。

② 电源 E_1 单独作用于电路(S_1、S_2—"左")。

③ 电源 E_2 单独作用于电路(S_1、S_2—"右")。

表 2-1 实验数据

数据 项目	实测值				计算值			
	U_{R1}/V	U_{R2}/V	U_{R3}/V	I_{R3}/mA	U_{R1}/V	U_{R2}/V	U_{R3}/V	I_{R3}/mA
E_1、E_2 同时作用								
E_1 单独作用								
E_2 单独作用								

提示:为便于观察电压和电流的叠加效果,建议按列测量数据。

(4) 关断稳压电源,拆线,用数字万用表的欧姆挡测量各电阻的数值,并标记在图 2-2 中各电阻相应位置,核对板上各电阻元件的标称值是否与实测值相符。

2. 戴维南定理

(1) 电路接线如图 2-2 所示,E_1 和 E_2 均不变。

(2) 测出 E_1 和 E_2 同作用时的 I_3 值。

(3) 测出等效电动势 E:将 R_3 断开,E_1 和 E_2 同时作用,测出 A、B 两点的开路电压 U_0(应测量电源侧电压),即 $E=U_0$。

(4) 测出等效电源内阻 R_0:将 R_3 断开,同时去掉 E_1 和 E_2 的作用(S_1、S_2 同时短接,即 S_1—右、S_2—左),测出 A、B 两点间的等效电阻,即 R_0。

(5) 将上述测量值填入表 2-2 中。

表 2-2 实验数据

实测值	$E=$	$R_0=$ Ω
计算值	$E=$	$R_0=$ Ω
E_1 和 E_2 同时作用测得 I_3 值		$I_{3测}=$ mA
用戴维南定理计算出 I_3 值		$I_{3计}=$ mA

六、预习要求

（1）复习叠加原理和戴维南定理，简述它们的基本要点。

（2）根据实验电路所给参数，用叠加原理计算表 2-1 所要求的电压和电流，将计算值填入表 2-1 中。

（3）用戴维南定理计算表 2-2 中的等效电动势 E、等效内阻 R_0 及 R_3 支路电流 I_3，将计算值填入表 2-2 中。

（4）本实验要用数字万用表的哪些挡位？量程应选择多少？（参阅第三部分数字万用表内容）

（5）什么是直流稳压电源？如何调节实验所需电压？（参阅第三部分直流稳压电源内容）

指导教师签字：

七、实验报告

同组人员名单：

（1）用实测得到的电压、电流值与计算得到的电压、电流值相比较，确认是否相符。若不相符其误差原因是什么？

（2）用实测值说明叠加原理和戴维南定理的正确性。

（3）用实测值计算 R_3 所消耗的功率。功率能否用叠加原理计算？为什么？试用具体数据说明。

（4）实验中测量电压和电流的表笔一样吗？为什么？

八、实验考核成绩

考核标准和得分记录见表 2-3。

表 2-3　考核标准和得分记录

考核项目	考核内容	考核标准	满分值	得分值
1. 预习情况	是否填写预习报告	内容完整　　　（5分） 整洁　　　　　（5分）	10分	
2. 实验操作	实验仪器和电路连接情况	正确使用仪器　（20分） 接线正确　　　（10分）	30分	
3. 数据采集	数据采集点、数据采集方法是否正确	数据采集点正确　（10分） 数据采集方法正确（20分）	30分	
4. 处理故障的能力	出现故障时能否独立解决、解决程度	只要能解决简单的各类故障根据情况可以加分	最多可加50分	
5. 纪律和实验态度	是否迟到、实验态度是否端正	无迟到现象　　（5分） 实验态度端正　（5分）	10分	
6. 实验报告	实验数据整理、思考题、计算题、任务书等的完成情况	数据处理与计算（10分） 任务书工整　　（10分）	20分	

实验总成绩：_____　　　　　　　　　　　年　　月　　日

实验二

日光灯电路及其功率因数的提高

一、实验目的

（1）理解日光灯电路的工作原理。
（2）掌握日光灯电路的组成和接线方法。
（3）加深理解交流电路中电压、电流的相量关系。
（4）了解提高功率因数的意义及方法。
（5）掌握功率表的使用方法，学习交流电路中功率的测量方法。
（6）提高接线能力。

二、实验原理

1. 日光灯电路简介

日光灯电路一般可分为传统镇流器电路和电子镇流器电路。为了学习和验证提高功率因数的方法和效果，本实验采用传统镇流器电路。日光灯电路（传统镇流器电路）由日光灯管、镇流器、启辉器等部分组成。

（1）灯管：由管内壁上涂有一层荧光粉的玻璃管，灯管两端各有一个由钨丝绕制而成的灯丝，灯管内抽真空后充有一定量的氩气和少量汞等组成。从电路连接角度看，每侧灯丝有两个接线点，所以日光灯管总共有四个接线点。

（2）镇流器：是在硅钢片铁芯上绕上一定匝数铜线的电感线圈，其结构有单线圈式和双线圈式两种。此种电磁铁结构一般都是为了达到用小电流产生大磁场的目的。

（3）启辉器：启辉器是一个充有氖气的小玻璃泡，其中装有一个固定的静触头和一个双金属片制成的倒 U 形动触头，两触头之间并联一个小电容，玻璃泡外罩了一个保护管。启辉器的作用就是靠双金属片的通电受热变形作用，在瞬间接通电路和断开电路。

（4）日光灯电路的工作原理：日光灯的实验电路如图 2-3 所示，当电路刚接通电源时，电源的电压首先加到启辉器的两个触头之间，氖泡中将产生辉光放电，接通启动电路，此时启动电流流过镇流器线圈、灯管两端的灯丝和启辉器，启动电流约为灯管工作电流的 1.5 倍，它使灯丝加热并发射电子。由于双金属片具有不同的膨胀系数，U 形动触头接触，而后在放电功率的作用下受热后将趋向张开与静触头接触，使得放电功率为零，温度立即下降，两触头随即跳开，使启动电路突然断开。这时，镇流器则由于电流突变产生相当大的自感电动势，它与电源电压叠加，可使两灯丝之间瞬时出现约 500 V 的高电压，使管内汞气电离而产生弧光放电。弧光放电时发射的紫外线将激励管内壁的荧光粉而发生近似日光的可见光，故名日光灯。荧光粉不同，其发光颜色不同。氩气有保护灯丝延长灯管寿命的作用。灯管点燃后，由于弧光放电的负阻特性，灯管两端的工作电压将低于放电电压，此时 40 W 的日光灯约为 108 V。在这样低的电压下，跨接于两端灯丝之间的启辉器不会产生辉光放电，触头也不会闭合，即灯管点燃后，启辉器失去作用，镇流器在灯管点燃后仅起分压限流作用。

2. 日光灯电路的功率因数

日光灯等效电路如图 2-4 所示，其中灯管相当于纯电阻性负载 R，镇流器用电阻 r 和电感 L 的串联电路等效代替。只要测出电路的功率 P、电流 I 和总电压 U、灯管电压 U_R 及镇流器电压 U_r，就能算出灯管消耗的功率 $P_{灯}=IU_R$，镇流器消耗的功率 $P_{镇}=P-P_{灯}$，并求出电路的功率因数。

3. 功率因数的提高

日光灯电路为电感性电路，其功率因数较低，一般在 0.6 以下。因此可以采取并联电容器的方法来提高电路的功率因数，如图 2-3 所示。日光灯并联电容器后的相量图如图 2-5 所示。因电容支路电流 I_C 超前电压 U 90°，使电路总电流 I 减小，从而提高了电路的功率因数。当电容量增加到一定值时，总电流下降到最小值，此时整个电路的 $\cos\phi=1$（相当于电阻性负载）。若再继续增大电容量，总电流反而增大，整个电路相当于容性负载，功率因数反而逐渐下降。所以，实际工作中并联电容要适当。

假定功率因数从 $\cos\phi_L$ 提高到 $\cos\phi$，所需并联电容器的电容值可按下式计算：

$$C=\frac{P}{\omega U^2}(\tan\phi_L-\tan\phi)$$

式中，$\omega=2\pi f$，$f=50\ \text{Hz}$；P 为电路所消耗的功率（W）。

实验结果可能会发生 I、I_L 及 I_C 之间关系与图 2-5 不完全符的情况。这是因为镇流器是铁芯线圈，其电压与电流之间的关系是非线性的，灯管也只是近似看作纯电阻负载，实际上它的电压和电流波形既不是正弦波，也不完全同相位。

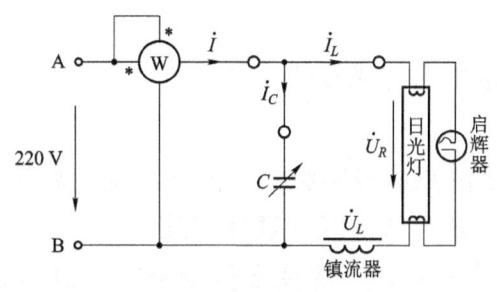

图 2-3 日光灯的实验电路

提示：图 2-3 中的"○"表示电流测量插孔。为方便实验将三个电流测量插孔安装在一个接线板上，称为电流表插盘。电流测量插孔部分的接线要在电流表插盘上完成。

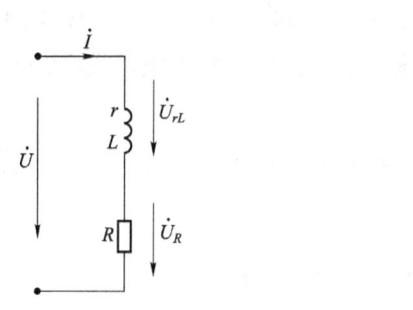

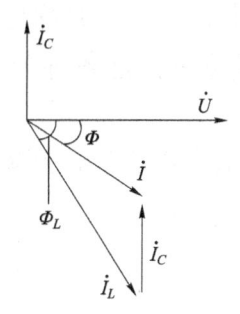

图 2-4 日光灯等效电路   图 2-5 日光灯并联电容后的相量图

三、实验电路

日光灯的实验电路如图 2-3 所示。

四、实验仪器和设备

（1）日光灯管　　　　　　30 W　　　　　　　　　　　　一只
（2）镇流器　　　　　　　（适配 220 V/30 W 日光灯）　　一只
（3）单相功率表　　　　　D26—500 W　　　　　　　　　一只
（4）交流电压表　　　　　T51　0～600 V　　　　　　　　一只
（5）交流毫安表　　　　　T51　0～1 000 mA　　　　　　　一只

（6）电容箱　　　　　　　　自制　　　　　　　　　　　　一个
（7）电流表插盘　　　　　　自制　　　　　　　　　　　　一个

五、实验内容及步骤

（1）按照日光灯实验电路图2-3所示，在实验台上找出日光灯电路相应的各种电气元件。

（2）按图2-3所示电路完成接线。

注意：

① 电路中的A、B两点应与实验台上的三相电源连接。A点接火线（三个红接线柱中的任意一个），B点接零线（黑接线柱）。

② 因功率表是在线测量，一定要在接通电路之前调好挡位。电压挡位选择300 V，电流挡位选择0.5 A。电路经指导教师检查通过后方可通电。

③ 先完成RL串联电路的测量（断开所有电容器，即将所有电容器的通断开关拨到断的位置）。分别测量电源端电压U、镇流器端电压U_L、灯管端电压U_R、电路中电流I和电路的总功率P，并将以上数据记录在表2-4中。

④ 在RL串联电路上并联电容器。分别将电容器取值为2 μF、3 μF、4 μF、5 μF，分别重复测量上述各部分电压、各支路电流和电路总功率P，将数据记录在表2-4中。

⑤ 增大和减小电容值，观察总电流I、电容支路电流I_C和灯管支路电流I_L变化情况，并加以说明。

表2-4　实验数据

电路状态＼测量计算量	实测值							计算值			
	U/V	U_L/V	U_R/V	U_C/V	I/mA	I_L/mA	I_C/mA	P/W	R/Ω	L/mH	C/μF	$\cos\phi$
RL串联												
并联$C=2$ μF												
并联$C=3$ μF												
并联$C=4$ μF												
并联$C=5$ μF												

提示：建议按行进行测量，减少拨动电容开关的次数。

六、预习要求

（1）简述日光灯电路的组成。

（2）为什么日光灯电路的功率因数不等于1？如何提高功率因数？

（3）本次实验电压表和电流表的挡位大致为多少？（参阅第三部分交直流电压、电流表内容）

（4）功率表有电压和电流两个线圈，功率表如何连接（画图解释）？（参阅第三部分功率表内容）

（5）本次实验中功率表的电压、电流挡位应选择多少？根据选定挡位确定分格常数 C。功率表如何读数？（参阅第三部分功率表内容）

（6）两个电容器并联时，总的等效电容是增加还是减小？

指导教师签字：

七、实验报告

同组人员名单：

（1）根据测量数据计算灯管电阻 R、镇流器电感 L 和并联电容器 C 的数值，填入表 2-4 中。

（2）计算并联 C 前后的功率因数，填入表 2-4 中。

（3）分析实验结果，并联电容 C 前后功率因数 $\cos\phi$ 有何变化？ 各电流如何变化？

（4）提高接有感性负载线路的功率因数能否改变感性负载本身的功率因数？为什么？

（5）哪些电量的变化能说明在电感性负载并联电容后提高功率因数的效果？为什么？

八、实验考核成绩

考核标准和得分记录见表2-5。

表2-5 考核标准和得分记录

考核项目	考核内容	考核标准	满分值	得分值
1. 预习情况	是否填写预习报告	内容完整 （5分） 整洁 （5分）	10分	
2. 实验操作	实验仪器和电路连接情况	正确使用仪器 （20分） 接线正确 （10分）	30分	
3. 数据采集	数据采集点、数据采集方法是否正确	数据采集点正确 （10分） 数据采集方法正确 （20分）	30分	
4. 处理故障的能力	出现故障时能否独立解决、解决程度	只要能解决简单的各类故障根据情况可以加分	最多可加50分	
5. 纪律和实验态度	是否迟到、实验态度是否端正	无迟到现象 （5分） 实验态度端正 （5分）	10分	
6. 实验报告	实验数据整理、思考题、计算题、任务书等的完成情况	数据处理与计算 （10分） 任务书工整 （10分）	20分	

实验总成绩：_____ 　　　　　　年　　月　　日

实验三

三相交流电路

一、实验目的

（1）学习并掌握三相负载的星形和三角形连接方法。

（2）验证三相负载对称时，两种连接的线电压和相电压，线电流和相电流之间的关系。

（3）提高对三相电源的认识。

（4）验证三相四线制中线的作用。

（5）提高接线能力。

二、实验原理

三相电路中，负载的连接方法主要有星形连接（图2-6）和三角形连接（图2-7）两种。

（1）星形连接电路中，当电流及电压均为正弦波，而且电源及负载均对称时，线电压与相电压有下列关系：

$$\dot{U}_{AB} = \sqrt{3}\dot{U}_A \angle 30° \qquad \dot{U}_{BC} = \sqrt{3}\dot{U}_B \angle 30° \qquad \dot{U}_{CA} = \sqrt{3}\dot{U}_C \angle 30°$$

即线电压在数值上为相电压的 $\sqrt{3}$ 倍，而在相位上超前于相应相电压30°。线电流等于相电流，中线无电流，即 $I_0=0$。假如三相星形负载不对称，又无中线，则电源中点与负载中点的电位将有差别，即发生了所谓的中性点的移位，此时每相电压将出现有大有小。若负载中点与电源中点之间有中线连接，可以保证每相电压对称，但此时中线电流 I_0 不等于零。星形连接时要特别注意中线的连接情况（不允许出现断路情况）。

（2）在三角形连接中，当电流和电压均为正弦波，而且电源及负载均对称时，线电流和相电流有下列关系：

$$\dot{I}_A = \sqrt{3}\dot{I}_{AB}\angle-30° \qquad \dot{I}_B = \sqrt{3}\dot{I}_{BC}\angle-30° \qquad \dot{I}_C = \sqrt{3}\dot{I}_{CA}\angle-30°$$

即线电流在数值上为相电流的$\sqrt{3}$倍，而在相位上滞后于相应相电流30°，线电压等于相电压。当负载不对称时，线电压仍然等于相电压，但线电流与相电流不对称，其大小关系只能根据关系式逐一计算。

三、实验仪器和设备

（1）三相交流电源　　　注意线电压调整为 220 V（从安全方面考虑）
（2）三相负载　　　　　（每相由 3 只 220 V、100 W 灯并联灯盘）自制　　三块
（3）交流电压表　　　　T51　　0～600 V　　　　　　　　　　　　　　　一只
（4）交流电流表　　　　T51　　0～5 A　　　　　　　　　　　　　　　　一只
（5）电流表插盘　　　　自制　　　　　　　　　　　　　　　　　　　　　一块

四、实验电路

实验电路如图 2-6、图 2-7 所示。

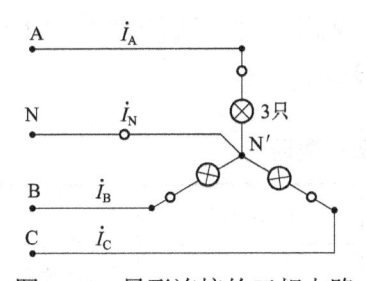

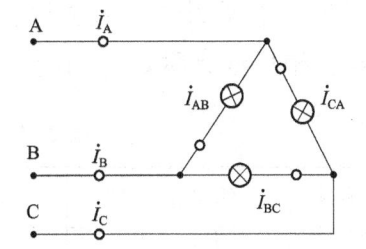

图 2-6　星形连接的三相电路　　　　图 2-7　三角形连接的三相电路

提示：每相负载表盘上有一电流测量插孔，用于测量每相负载的相电流，不需接线。其他电流测量插孔则需在电流表插盘上完成接线。

五、实验内容及步骤

1. 负载星形连接的三相电路

按图 2-6 所示连接线路（星形连接有中线），经指导教师检查无误后，接通电源，按表 2-6 要求，将测得的电压和电流数据填入表 2-6 中。同时观察各灯泡的明亮程度有何变化。星形连接可分为下面四种情况进行：

（1）对称负载（每相接通 3 盏灯），有中线。
（2）对称负载无中线。
（3）不对称负载（不对称负载就是各相接通的灯数不同，定为 A 相 1 盏、B 相 2 盏、C 相 3 盏）有中线。

(4) 不对称负载，无中线。

表 2-6　星形连接实验数据

三相负载连接	测量项目	线电压/V			相电压/V			中点电压/V	线相电压有无	线相电流/A			中线电流/A	灯泡亮度
		U_{AB}	U_{BC}	U_{CA}	U_A	U_B	U_C	$U_{NN'}$	$\sqrt{3}$关系	I_A	I_B	I_C	I_N	
有中线	对称													
	不对称													
无中线	对称													
	不对称													

提示：① 为了减少改动电路的次数，建议按行进行测量。
② 无中线时 $U_{NN'}$ 仍然存在。

2. 负载三角形连接的三相电路

按图 2-7 接好线路，经教师检察无误后，接通电源，测量表 2-7 所列数据，同时观察各相灯泡亮度是否相同？并同星形连接做比较。

表 2-7　三角形连接实验数据

三相负载	测量项目	线相电压/V			线电流/A			相电流/A			线相电流有何关系	灯泡亮度
		U_{AB}	U_{BC}	U_{CA}	I_A	I_B	I_C	I_{AB}	I_{BC}	I_{CA}		
对称												
不对称												

※　灯泡的亮度只填：相同或不同。

六、预习要求

(1) 考虑实验中怎样去除中线？去掉中线后 $U_{NN'}$ 是否存在？

（2）负载星形连接三相电路中中线的作用是什么？在不对称负载情况下，一旦中线断开，将出现什么现象？

（3）什么是不对称负载？本实验是如何设定负载不对称的？

（4）根据电源电压及负载的额定值，交流电压表和交流电流表的量程应选择多少？

（5）什么是相电流、线电流、中线电流？什么是相电压、线电压和中线电压？

（6）你认为星形接线（图2-6）和三角形接线（图2-7），哪种接线更容易些？为什么？

指导教师签字：

七、实验报告

同组人员名单：

（1）通过实验所得的表2-7测量数据，说明对称与不对称负载时灯泡的亮度变化情况，并同星形连接做比较。

（2）利用测量数据进行中线电流大小的计算，与测量值比较。

（3）利用实验数据说明在什么情况下必须有中线？在什么情况下可以去掉中线？

（4）根据测量数据，按一定比例画出对称负载星形连接和三角形连接时的电压、电流相量图。

八、实验考核成绩

考核标准和得分记录见表 2-8。

表 2-8　考核标准和得分记录

考核项目＼考核标准和得分	考核内容	考核标准	满分值	得分值
1. 预习情况	是否填写预习报告	内容完整　（5分） 整洁　　　（5分）	10 分	
2. 实验操作	实验仪器和电路连接情况	正确使用仪器　（20分） 接线正确　　　（10分）	30 分	
3. 数据采集	数据采集点、数据采集方法是否正确	数据采集点正确　（10分） 数据采集方法正确（20分）	30 分	
4. 处理故障的能力	出现故障时能否独立解决、解决程度	只要能解决简单的各类故障根据情况可以加分	最多可加50 分	
5. 纪律和实验态度	是否迟到、实验态度是否端正	无迟到现象　　（5分） 实验态度端正　（5分）	10 分	
6. 实验报告	实验数据整理、思考题、计算题、任务书等的完成情况	数据处理与计算　（10分） 任务书工整　　　（10分）	20 分	

实验总成绩：_____　　　　　　　　　　年　　月　　日

实验四

鼠笼式电动机的顺序控制和时间控制

一、实验目的

（1）熟悉电动机继电接触控制常用电器。
（2）掌握常用电器的图形符号和文字符号，并能够与实际电器相对应。
（3）熟悉两台电动机按顺序启动及按规定时间间隔启动的典型控制电路。
（4）提高按电路原理图完成比较复杂接线的能力。

二、实验原理

1. 两台电动机按顺序启动线路

生产机械常常需要将两台电动机之间通过联锁环节相互约束，以满足控制的要求。图2-8所示为顺序控制的典型实验线路。只有当电动机1M启动后，才能启动电动机2M。顺序控制线路也可以有其他连接形式，同样可以达到控制要求。

2. 两台电动机按时间间隔启动的线路

时间继电器能够在其通电（或断电）时开始计时，延时一个可调节的固定时间间隔，使其常开触点闭合（或断开），使其常闭触点断开（或闭合）。时间继电器可分为多种类型，工作原理也各不相同，但其触点动作逻辑相同，追求触点动作时间的准确性和重复动作的高精度及可靠性是对时间继电器的基本要求。机床上常用空气式时间继电器和晶体管式时间继电器。图2-9所示为实现电动机1M启动后，经过一定延时后，电动机2M自行启动的控制电路。

三、实验仪器和设备

（1）三相异步电动机　　　Y系列小型电动机　　　两台
（2）交流接触器　　　　　CJ10—20A　　　　　　两台

（3）热继电器　　　　　　JR0—40 C　　　　　　　两只
（4）空气式时间继电器　　JST—4A　　　　　　　　一只
（5）三联按钮　　　　　　启动按钮（常开）两只　　停止按钮（常闭）一只
（6）万用表　　　　　　　DT—830　　　　　　　　1块
（7）三相电源（380 V）　（实验台提供）

四、实验线路

实验线路如图2-8、图2-9所示。

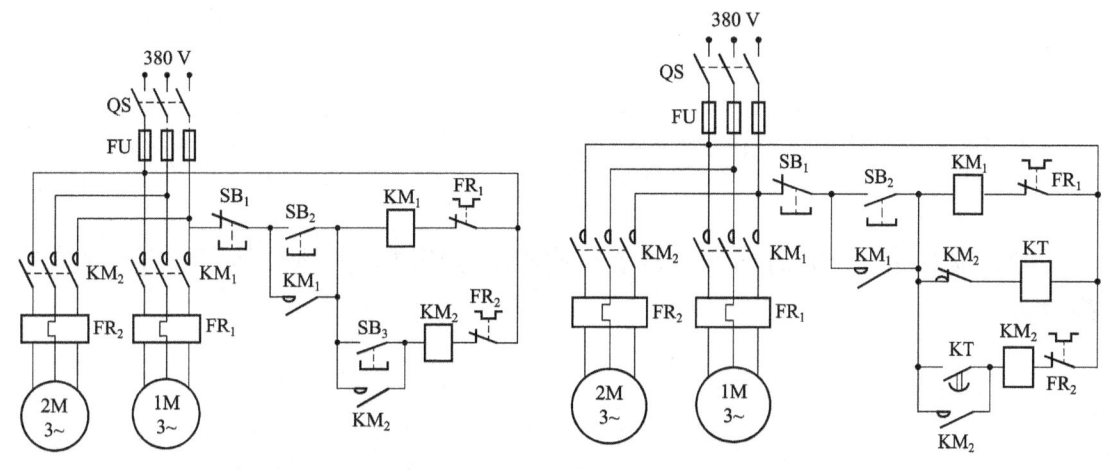

图2-8　两台电动机顺序启动的控制电路　　　图2-9　两台电动机按时间间隔启动的控制线路

提示：此电路为继电接触控制原理图，同一电器标示同一文字符号，同一电器的不同部分（线圈、触点、开关等）可分别画在不同位置上。

五、实验内容

（1）按钮测试。用万用表测试按钮的常开和常闭触点的动作情况。

（2）观察交流接触器的外形结构，特别是常开和常闭触点的动作情况（可用手动的方式进行观测），抄录其铭牌数据。

（3）观察时间继电器的外形结构，学习延时调节方法，抄录其铭牌数据。了解是通电延时还是断电延时的时间继电器，可用手动的方法感知时间控制过程。

（4）按图2-8所示连接线路，经实验指导教师检查通过后，进行两台电动机顺序启动的操作。接通电源后先按SB₂，电动机1 M启动，然后按SB₃，电动机2 M启动。一定要进行顺序启动的验证工作（即电动机1 M没有启动时电动机2 M能否启动）。

（5）按图2-9所示连接线路，经实验指导教师检查通过后，进行两台电动机顺序延时启动的操作。接通电源后，按 SB₂，电动机 1M 启动，经过一段时间后电动机 2M 自行启动。调节时间继电器的延时旋钮，重复以上操作，观察线路中电动机 1M 启动与电动机 2M 启动时间间隔是否发生变化。

（6）验证自锁触点的作用。不接自锁触点时，电路处于点动状态；接上自锁触点，松开启动按钮后，电动机仍能保持长时间转动。

六、预习要求

（1）预习交流接触器的结构和工作原理，并熟知其图形符号和文字符号。

（2）预习通电延时时间继电器的结构和工作原理，并熟知其图形符号和文字符号。

（3）解读本实验所用的控制线路的工作原理，熟悉实验线路，分别写下各电器的动作顺序，用流程图表示。

（4）时间继电器的线圈 KT 允许与接触器的线圈 KM₁ 串联吗？串联后会出现什么问题？

※ **注意事项**
(1) 严禁带电操作。接线时先接线后通电，拆线时先拉闸后拆线。
(2) 严禁用手触摸正在旋转的电动机转轴。
(3) 遇有紧急情况马上断开电源。
(4) 重新复习电工实验安全要求。

指导教师签字：

七、实验报告

同组人员名单：

(1) 当按下图 2-8 中的按钮 SB$_2$ 时电动机 1 M 转动，松开 SB$_2$ 时电动机 1 M 立即停转，试根据控制电路的工作原理和逻辑关系分析哪个部分出现了问题？为什么？

(2) 总结通电延时时间继电器在控制电路中应用的特点。

(3) 分析图 2-9 中 KT 延时闭合触点两端为何要并联 KM$_2$ 常开辅助触点？与 KT 线圈串联的 KM$_2$ 常闭辅助触点有什么用？可以去掉吗？

八、实验考试成绩

考核标准和得分记录见表2-9。

表2-9 考核标准和得分记录

考核项目 \ 考核标准和得分	考核内容	考核标准	满分值	得分值
1. 预习情况	是否填写预习报告	内容完整　（10分） 整洁　　　（10分）	20分	
2. 实验操作	实验仪器和电路的连接情况	正确使用仪器（10分） 接线正确　　（30分）	40分	
3. 处理故障的能力	出现故障时能否独立解决、解决程度	只要能解决简单的各类故障根据情况可以加分	最多可加50分	
4. 纪律和实验态度	是否迟到,实验态度是否端正	无迟到现象　（10分） 实验态度端正（10分）	20分	
5. 实验报告	实验总结、思考题、任务书等的完成情况	实验总结　　（10分） 任务书工整　（10分）	20分	

实验总成绩：_____　　　　　　　　年　　月　　日

实验五

鼠笼式电动机继电接触控制电路的设计性实验

一、实验目的

（1）掌握三相异步电动机继电接触控制电路的设计原理与环节。
（2）提高理论与实际结合的能力。
（3）考核较复杂三相异步电动机控制线路的接线能力。

二、设计要求

一台载货小车自动往返于仓库与车间之间，完成货物运输工作。载货小车由三相异步电动机拖动。设计出满足以下要求的电动机继电接触控制电路。对货车控制线路的几点要求：

（1）小车由三相异步电动机拖动（虚拟小车，电动机转动既可认为小车被拖动）。

（2）小车不设专职随车司机，其行驶与停止由仓库侧的生产操作工来控制。工作过程是小车在仓库装货完毕后，操纵工按动启动按钮，小车在电动机的拖动下由仓库自动驶向车间，到达车间后小车自动停车，停留数分钟后（这段时间用于装卸货物，停留时间长短可由时间继电器时间调节旋钮控制，设计时学生可以不予考虑），小车自动返回，达到仓库后小车自动停车，完成一次送货任务。如需再次送货，操纵工再次按动启动按钮，小车重复以上过程。

（3）若小车在驶向车间途中发现漏装货物等情况，可以及时将小车召回仓库，即仓库侧操纵工能够随时停止小车行驶或改变小车行驶的方向。

（4）行程控制（位置控制）用双轮行程开关（无自恢复功能）。

（5）画电动机控制电路的同时，要画出与仓库、车间对应的行程开关位置布置图（要标示清楚）。

（6）一定要注意采用标准的图形和文字符号。

（7）控制电路尽可能满足各种正常工作需求，并具备完善的各种保护环节（如短路保护、过载保护、失压保护、欠压保护、位置极限保护等）。

（8）可以添加文字说明。

三、实验环节

为了提高电动机继电接触控制设计性实验的教学效果，本项设计性实验按以下几个环节实施。

（1）学生设计。学生在认真研究设计内容和设计要求的基础上，根据所学电动机继电接触控制方面的知识，独立完成控制电路的设计（提交一份控制原理图）。

（2）教师批改。授课教师对学生完成的控制电路进行逐一审阅、修改，并进一步讲解设计内容和解读控制电路的原理。

（3）电器认识。学生来到实验室，按照自己设计的控制线路（经修改、确认正确），熟悉相应的控制电器和保护电器。

（4）接线考核。在实验室按照所设计的控制线路独自完成线路连接，检验电路连接的正确程度和各种控制环节的实现情况。

四、预习要求

（1）充分理解设计要求，全面掌握小车的工作过程（将小车的工作过程重述一遍）。

（2）本项设计需要哪些典型控制环节和保护环节？

（3）为了更好地满足实际工作需要，你能想到运货小车还有哪些工作需求？

（4）画出实验用控制线路原理图（修改后的）和行程开关布置图，可加以说明。

（5）列出此项设计所需要的各种电器名称和数量（可列表）。

提示：本实验为设计性实验，占实验成绩的比例较大，请学生引起足够重视。本实验成绩由电路设计和接线考核两部分构成。

指导教师签字：

五、设计性实验的相关解释

（1）为提高学生对实验教学的重视程度，本项实验占课程总成绩的 10%。

（2）设计控制电路部分 5 分，实验室现场操作部分 5 分。

（3）学生课外完成设计控制电路任务，任课教师根据完成任务的质量给出成绩，并提出正确的控制线路（当存在错误时）。此项工作在实验操作之前完成。

（4）由于学生对实验所涉及的电器、设备等实物不熟悉，实验接线操作前提供 1 小时的电器熟悉环节。

（5）每个学生要在实验室独自完成接线操作（即一人一组），以此检验学生的真实实验操作能力。实验室现场操作部分的考核标准如表 2-10 所示。

（6）学生完成接线操作后，不允许自行通电检验电路连接的正确性，接线检验必须由实验指导教师完成。实验指导教师按照运货小车的工作顺序，逐一操作，查验电路是否满足设计要求。

（7）实际查验所连接的电路不满足工作要求时说明电路存在问题。经实验指导教师确认，如果是接线问题，学生可以根据控制原理和其逻辑关系判断错误位置，局部从新接线。如果是设备、电器工作不正常，则不影响学生考核成绩，按接线正确，考核通过处理。

（8）为圆满完成设计性实验的教学任务，每位相关教师思想上要提高重视程度，工作中要精心处理好每个环节，要付出更多的辛勤汗水。特别是负责实验准备的实验指导老师，一定要事先调试好各种电器和仪器设备，确保实验的顺利进行。

六、实验考核成绩

考核标准和得分记录见表 2-10。

表 2-10　考核标准和得分记录

考核项目 \ 考核标准和得分	考核内容	考核标准	满分值	得分值
1. 预习情况	是否填写预习报告	内容完整　　　（10 分） 整洁　　　　　（10 分） 电路设计合理　（30 分）	50 分	
2. 实验操作	实验电路连接情况	根据完成时间评分 30 min 内　　50 分 40 min 内　　40 分 50 min 内　　30 分 60 min 内　　20 分 超过 60 min 无成绩 ※ 接线错一次扣 10 分	50 分	
3. 处理故障的能力	出现故障时能否独立解决、解决程度	根据电气设备的故障程度、复杂程度等考虑加分	最多可加 50 分	

实验总成绩：_____　　　　　　　　　年　　月　　日

实验六

单管交流电压放大电路

一、实验目的

（1）学习单管交流电压放大电路静态工作点的设置。
（2）观察测定电路参数发生变化时，对放大电路的静态工作点（Q 点）、电压放大倍数（A_u）及输出信号波形的影响，从而掌握单管交流电压放大电路的调试。
（3）学习使用常用电子仪器。
（4）掌握电子实验和测量的基本方法。

二、实验原理

在生产和科学实验中常常需要利用电压放大电路将微弱的电压信号加以放大，然后去推动功率放大电路以便控制较大功率的负载。图 2-10 所示为典型的基本交流放大电路（称为固定偏置式放大器）。调节 R_B 可调整放大电路的静态工作点。静态工作点计算如下：

$$I_B = (U_{CC} - U_{BE})/R_B \approx U_{CC}/R_B \ (U_{BE} \leqslant U_{CC})$$
$$I_C = \beta I_B + I_{CEO} \approx \beta I_B \ (I_{CEO} \leqslant \beta I_B)$$
$$U_{CE} = U_{CC} - I_C R_C$$

式中，I_C 为集电极静态工作电流；U_{CE} 为集—射极静态工作电压。

图 2-11 所示为交流放大电路的微变等效电路。晶体管的输入电阻为

$$r_{be} = 300\ \Omega + (\beta + 1) \times 26 \div I_E$$

放大电路的电压放大倍数为

$$A_U = U_o/U_i = -\beta R_L'/r_{be}$$

式中 $R_L' = R_C // R_L$。

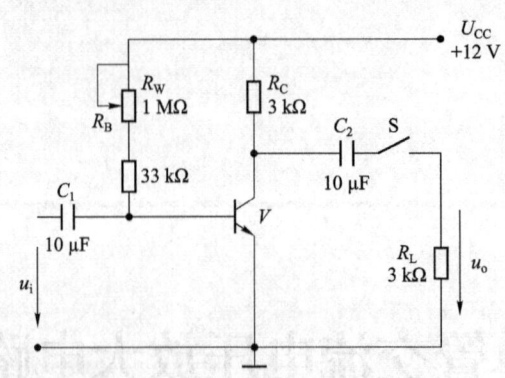

图 2-10　典型的基本交流放大电路

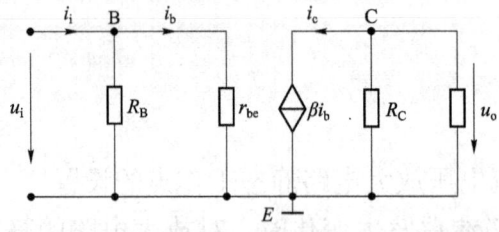

图 2-11　交流放大电路的微变等效电路

三、实验电路

实验电路与接线示意图，分别如图 2-10、图 2-12 所示。

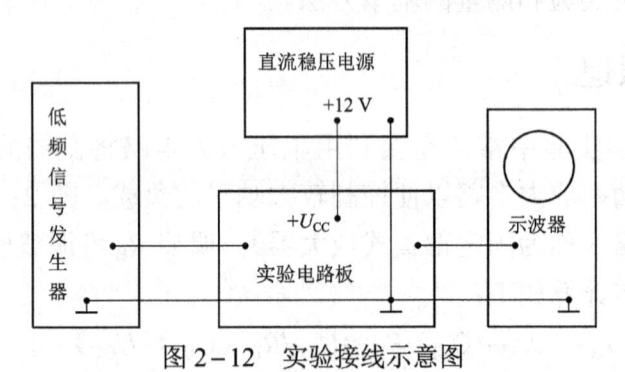

图 2-12　实验接线示意图

四、实验仪器和设备

（1）电路板　　　　　　　　自制　　　　　　　　一块
（2）直流稳压电源　　　　　　WVJ—2　　　　　　 一台
（3）低频信号发生器　　　　　XD7—S　　　　　　 一台
（4）双线示波器　　　　　　　SBR—1　　　　　　　一台
（5）数字万用表　　　　　　　DT—830　　　　　　 一块

五、实验内容及步骤

（1）利用万用表判别晶体管的类别和管脚。用晶体管特性图示仪检测晶体管的输入、输出特性曲线。

（2）设置静态工作点。按实验电路图 2-12 将实验电路板（放大器）与直流稳压电源连接。此时不要连接信号发生器。

① 接通直流稳压电源后，选择、调节一路输出为 12 V，即 $U_{CC}=12$ V。

② 将放大电路输入端短接，接通直流电源 $U_{CC}=12$ V，调节 R_W 使 $U_{CE}=6$ V（此时 U_{CE} 等于 U_{CC} 的一半，静态工作点大致在放大区的中间部分）。接着测量三极管基极电位 U_B 和集电极电位 U_C（均对地），然后计算出静态工作电流 I_B、I_C（其中：β 值已测出标在三极管附近），将相应数据填入表 2-11 中。

表 2-11 实验数据

取值 状态	静态值		动态值		计算值			
	U_B/V	U_C/V	U_o/V	$A_U=U_o/U_i$	I_B/mA	I_C/mA	R_{be}/kΩ	A_U
空载								
有载								

（3）测定空载电压放大倍数。在上述静态条件下连接信号发生器，接入输入信号：$U_i=5$ mV、$f=500$ Hz 的低频正弦信号，用示波器观察输出波形，并在不失真条件下测出输出电压 U_o，计算电压放大倍数 A_U，并与估算值（根据测量数据计算）做比较。

（4）接有负载电阻 R_L 时，电压放大倍数的测定。输入信号不变，闭合 S，即将负载电阻 R_L 接通。测出输出电压 U_o，计算电压放大倍数 A_U，将对应数据填入表 2-11 中，并与步骤（2）中②情况做比较。观察输出波形的变化。

（5）饱和失真与截止失真的试验。

① 截止失真：断开 S，调节 R_W 最大，观察输出电压波形，直到显示截止失真为止。绘出输出电压 U_o 波形，并测量此刻 U_{CE}（直流）值，记录于表 2-12 中。（必要时，适当增大输入信号电压 U_i 值使截止失真更明显）。

② 饱和失真：断开 S，调节 R_W 最小，观察输出电压波形，直到显示饱和失真为止，绘出输出电压 U_o 波形，并测量 U_{CE}（直流）值，记录于表 2-12 中。（必要时，适当增大输入信号电压 U_i 值使饱和失真更明显）。

表 2-12 实验数据

阻值＼测量	集-射极电压 U_{CE}/V	输出电压 U_o 波形
R_W 增大		
R_W 减小		
R_W 适中		

③ 调节 R_W，使 $U_{CE}=6$ V，静态工作点处于放大区中间位置，可观测到不失真的放大的正弦波形。

④ 在③的条件下，单方面加大输入信号 U_i，可观测到截止失真和饱和失真同时出现的情况。说明静态工作点选择适当，也不允许输入信号 U_i 过大。

六、预习要求

（1）画出实验用交流放大电路的直流通路，并写出求解静态工作点 Q 点的公式。

（2）理解静态工作点的重要性及电路参数变化对静态工作点的影响。

（3）静态工作点设置的不合适，对输出电压波形的影响，什么时候出现饱和失真？什么时候出现截止失真？

（4）在用数字万用表进行放大电路测量中，哪些参数需用直流挡？哪些需用交流挡？

（5）阅读第三部分的低频信号发生器和双踪示波器内容。

指导教师签字：

七、实验报告

同组成员名单：

（1）由实验所得结果，计算表 2-11 所要求数据，并填入表 2-11。

（2）由实验结果讨论静态工作点对放大电路工作状态的影响。

（3）试说明负载电阻 R_L 的变化对放大倍数的影响。

（4）静态工作点选择适当就不会发生失真？请简单说明。

八、实验考核成绩

考核标准和得分记录见表 2-13。

表 2-13 考核标准和得分记录

考核项目 \ 考核标准和得分	考核内容	考核标准	满分值	得分值
1. 预习情况	是否填写预习报告	内容完整　　　　（5分） 整洁　　　　　　（5分）	10分	
2. 实验操作	实验仪器和电路连接情况	正确使用仪器　　（20分） 接线正确　　　　（10分）	30分	
3. 数据采集	数据采集点、数据采集方法是否正确	数据采集点正确　（10分） 数据采集方法正确（20分）	30分	
4. 处理故障的能力	出现故障时能否独立解决、解决程度	只要能解决简单的各类故障根据情况可以加分	最多可加50分	
5. 纪律和实验态度	是否迟到、实验态度是否端正	无迟到现象　　　（5分） 实验态度端正　　（5分）	10分	
6. 实验报告	实验数据整理、思考题、计算题、任务书等的完成情况	数据处理与计算　（10分） 任务书工整　　　（10分）	20分	

实验总成绩：_____　　　　　　　　　　　　年　　月　　日

实验七

集成运算放大器的线性应用

一、实验目的

（1）了解集成运算放大器的性能及使用方法。

（2）学习运用集成运算放大器组成比例、加法、减法及积分运算电路，并测试其运算功能。

（3）进一步熟悉各种仪器设备的使用。

二、实验原理

CA741 集成运算放大器的管脚排列如图 2-13 所示。

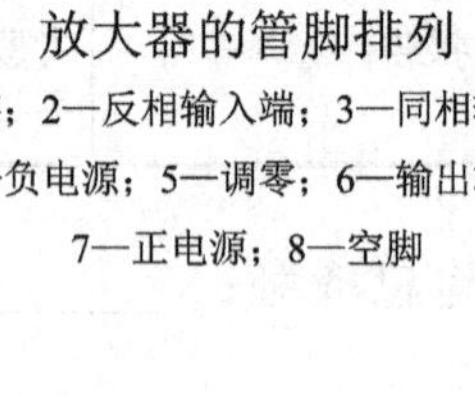

1. 反相比例运算

将输入信号从运算放大器反相输入端输入，同相输入端经平衡电阻 R_2 接地，反馈电阻 R_F 从输出端引回到反相输入端，就构成反相比例运算电路。反相比例运算电路如图 2-14 所示。输出电压与输入电压的关系为

图 2-13　CA741 集成运放大器的管脚排列
1—调零；2—反相输入端；3—同相输入端；
4—负电源；5—调零；6—输出端；
7—正电源；8—空脚

$$u_o = -\frac{R_F}{R_1}u_i$$

2. 同相比例运算

图 2-15 所示为同相比例运算电路。其输出电压与输入电压的关系为

$$u_o = \left(1+\frac{R_F}{R_1}\right)u_i$$

可见 u_o 与 u_i 之间具有同相比例关系。

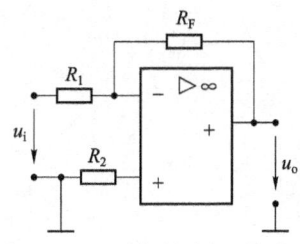

图 2-14　反相比例运算电路 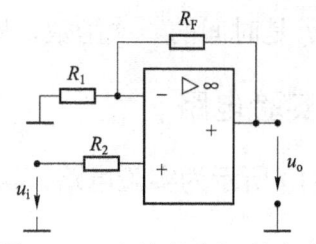　　　　图 2-15　同相比例运算电路

3. 反相加法运算

图 2-16 所示为反相加法运算电路。其输出电压与输入电压的关系是：

$$u_\text{o} = -\frac{R_\text{F}}{R_1}u_{i1} - \frac{R_\text{F}}{R_2}u_{i2}$$

如果取 $R_1 = R_2$，则有

$$u_\text{o} = -\frac{R_\text{F}}{R_1}(u_{i1} + u_{i2})$$

4. 减法运算

图 2-17 所示为差动减法运算电路。其输出电压与输入电压关系是：

$$u_\text{o} = \frac{R_\text{F}}{R_1}(u_{i2} - u_{i1})$$

式中　$R_1 = R_2$、$R_3 = R_\text{F}$。

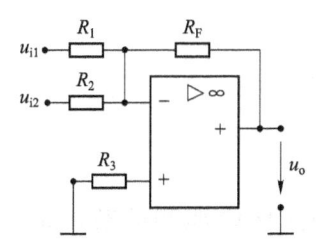

图 2-16　反相加法运算电路 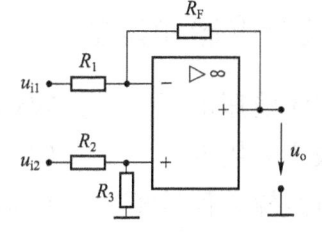　　　　图 2-17　差动减法运算电路

5. 积分运算

图 2-18 所示为反相积分运算电路。其输出电压与输入电压之间满足积分关系：

$$u_\text{o} = -\frac{1}{R_1 C_\text{F}}\int_0^t u_i \text{d}t$$

如果使输入电压 $u_i = U_i$（直流），则上式变为

$$u_\text{o} = -\frac{U_i}{R_1 C_\text{F}}t$$

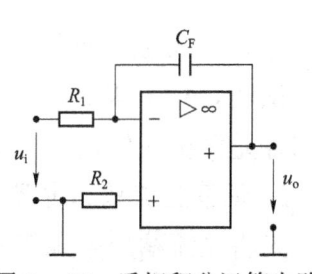

图 2-18　反相积分运算电路

输出电压 u_o 是时间的一次函数，即呈线性关系。

三、实验电路

图 2-19 所示为实验电路。

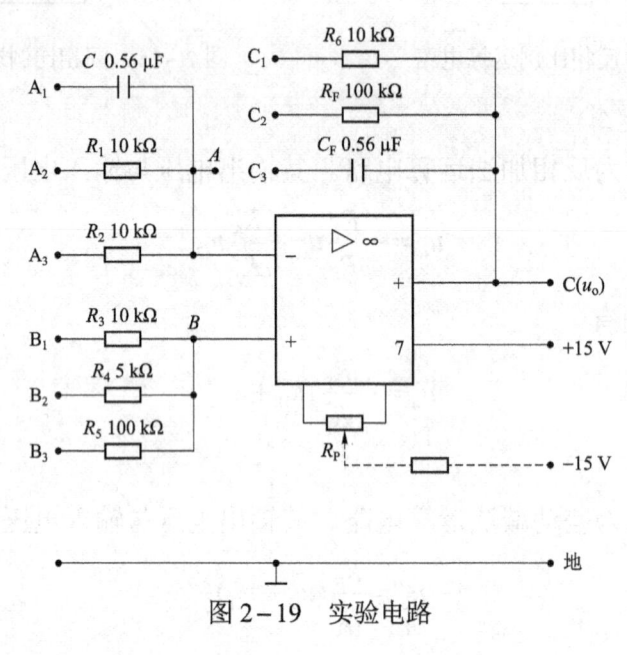

图 2-19 实验电路

提示：按照实验内容，用插接线实现相应实验线路。

四、实验仪器和设备

（1）直流稳压电源　　　　WVJ—2　　　　　　　　　　　　　　一台
（2）数字万用表　　　　　DT—830　　　　　　　　　　　　　　一台
（3）直流输入信号源　　　自制（内装两个 1.5 V 电池和调节电阻）　一台
（4）实验电路板　　　　　自制　　　　　　　　　　　　　　　　一块

五、实验内容及步骤

1. 观察实验电路板

识别 CA741 集成运放的管脚。根据图 2-19 所示的实验电路图对照实验板，找到各元件相应位置，并熟悉线路布线情况。

2. 调节直流稳压电源

先将直流稳压电源的双路输出电压都调节到 15 V，然后关掉电源。将一组正极与实验板上"+15 V"接线柱相连，另一组的负极与"-15 V"接线柱相连，前一组电源的负极与后一组电源的正极相连，并且连到实验板的"地"端。这样才能保证实验板上同时得到±15 V 电源。

3. 调零

调零的要求是输入为零时，输出也为零。实现零输入的方法是将接线柱 A 与 C_2 相连；A_2、B_1 接"地"。调节调零电位器 R_P，用数字万用表测量，使输出电压 u_o（C 与"地"之间）为零。

4. 反相比例运算

将 1.5 V 电池经电位器分压后作为输入电压 u_i（每一步骤均如此）。

在步骤 3 的基础上，由 A_2 与"地"之间加输入电压 u_i，其他连接不变。使输入电压 u_i 从 0.5 V（正向电压）到 0 V，再由 0 V 到 −0.5 V（反相电压）范围内变化，按表 2-14 中要求，将测得数据填入表 2-14 中作出 $u_o=f(u_i)$ 曲线，观察其线性情况。

表 2-14　实验数据

u_i/V			0.5	0.3	0	−0.3	−0.5
u_o/V	反相比例	实测值					
		计算值					
	同相比例	实测值					
		计算值					

5. 同相比例运算

在步骤 3 的基础上，由 B_1 与"地"之间加输入电压 u_i，其他连接不变。具体测量内容与步骤 4 相同。按表 2-14 中要求，将测得数据填入表 2-14 中作出 $u_o=f(u_i)$ 曲线，观察其线性情况。

6. 反相加法运算

由两节 1.5 V 电池经电位器分压后作为两个输入电压 u_{i1} 和 u_{i2}（步骤 7 也如此）。

将接线柱 A 与 C_2 相连；B_2 接"地"。（A_2、A_3 接"地"）重新调零之后，A_2 与"地"之间加输入电压 u_{i1}；A_3 与"地"之间加输入电压 u_{i2}。使 u_{i1}、u_{i2} 分别按表 2-15 所示取值，分别测出 u_o 值，记入表 2-15 中。

7. 减法运算

将接线柱 A 与 C_2 相连；B_3 接"地"。（A_2、B_1 接地）重新调零后，A_2 与"地"之间加入输入电压 u_{i1}；B_1 与"地"之间加输入电压 u_{i2}。使 u_{i1}、u_{i2} 分别按表 2-15 所示取值，分别测量输出电压 u_o，记入表 2-15 中。

表 2-15 实验数据

u_o/V					
u_{i1}/V			0	0.3	−0.5
u_{i2}/V			0	−0.5	0.3
u_o/V	加法	实测值			
		计算值			
	减法	实测值			
		计算值			

六、预习要求

（1）复习运算放大器组成的比例、求和、减法和积分运算电路的基本理论，列出相应输入输出关系式。

（2）根据给出的实验电路的参数，将实验中各种运算电路的计算值填入相应的表格中，以便与实测值对照。

（3）考虑好图 2-19 实验电路图中 ±15 V 电源的接线方法，画出接线图。

（4）本次实验数字万用表应选择什么挡位？

指导教师签字：

七、实验报告

同组成员名单：

（1）根据反相、同相比例运算实验数据，画出 $u_o = f(u_i)$ 曲线，并与理论计算值进行比较。

（2）用反相加法运算电路的实验结果验证 $u_o = -\dfrac{R_F}{R_1}(u_{i1} + u_{i2})$。

（3）根据反相加法运算实验数据，画出 $u_o = f(u_i)$ 曲线，并与理论计算值进行比较。

（4）根据图 2-19 所示实验电路图，探讨如何实现积分运算（说明连接情况）？

（5）图 2-19 中的平衡电阻是如何选取的？

八、实验考核成绩

考核标准和得分记录见表 2-16。

表 2-16　考核标准和得分记录

考核标准和得分 考核项目	考核内容	考核标准	满分值	得分值
1. 预习情况	是否填写预习报告	内容完整　　（5分） 整洁　　　　（5分）	10分	
2. 实验操作	实验仪器和电路的连接情况	正确使用仪器　（20分） 接线正确　　　（10分）	30分	
3. 数据采集	数据采集点、数据采集方法是否正确	数据采集点正确　（10分） 数据采集方法正确（20分）	30分	
4. 处理故障的能力	出现故障时能否独立解决、解决程度	只要能解决简单的各类故障根据情况可以加分	最多可加50分	
5. 纪律和实验态度	是否迟到、实验态度是否端正	无迟到现象　　（5分） 实验态度端正　（5分）	10分	
6. 实验报告	实验数据整理、思考题、计算题、任务书等的完成情况	数据处理与计算　（10分） 任务书工整　　　（10分）	20分	

实验总成绩：_____　　　　　　　　　　　年　　月　　日

实验八

晶体二极管整流、滤波及稳压电路

一、实验目的

（1）熟悉晶体二极管的单向导电性，并掌握用万用表测定其极性的方法。
（2）熟悉单相桥式整流、滤波及稳压电路的组成和各部分的作用。
（3）通过实验进一步掌握直流稳压电源的稳压性能。
（4）会用示波器观察滤波和稳压的效果。

二、实验原理

单相桥式整流电路是由四个二极管组成的桥式电路。通过整流电路将交流电压变换成单向脉动直流电压。在单向脉动电压中，除了所需要的直流成分外，还包含交流成分。

整流电路输出的脉动直流电压经过滤波电路滤波后，可将大部分交流成分"滤掉"，从而使波形变得比较平坦。滤波电路可分为电容滤波和电感滤波，因电容滤波较易实现，所以广泛采用电容器滤波。

由于整流、滤波后输出的直流电压仍然有一定的波动，为了获得恒定不变的直流电压，需要增加稳压电路。输出直流电压不稳定的因素一般考虑以下两个方面：一方面是交流电网电压的波动，使输出电压随之变化；另一方面是整流滤波电路具有较大的内阻，当负载电流变化时，电源内阻上的压降变化，使输出电压随之变化。采用稳压电路后输出电压的稳定程度将大为改善，同时其波形也更加平滑。

单相桥式整流电路的输出直流电压 U_o（即图 2-20 中滤波电路的输入电压 U_i）与输入交流电压 U（有效值）之间的关系为

$$U_o = 0.9U$$

经过电容滤波后（只要参数选择适当）则为

$$U_o = 1.2U（负载状态）$$
$$U_o = 1.4U（空载状态）$$

经过稳压管稳压电路后则为

$$U_o = U_z$$

三、实验仪器与设备

（1）双线示波器　　　　SBR—1　　　　　　一台
（2）低压电源　　　　　　　　　　　　　　　一台
（3）数字万用表　　　　DT—830　　　　　　一块
（4）滑线变阻器　　　　BXT—1.5K　　　　　一只
（5）实验电路板　　　　自制　　　　　　　　一块

四、实验电路

图 2-20 所示为硅稳压管稳压电路。

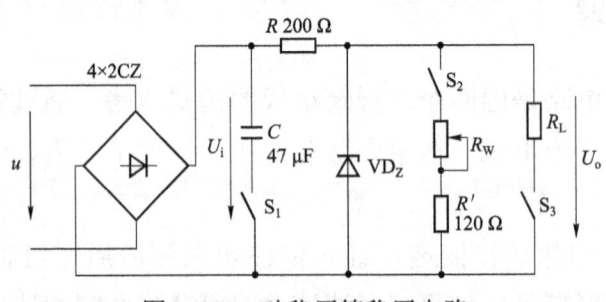

图 2-20　硅稳压管稳压电路

提示：负载 R_L 为滑线变阻器，需要外接。

五、实验内容及步骤

1. 完成接线

在线路板的交流输入 u 接低压电源（注意选择交流输出），在输出端接滑线变阻器（作为负载 R_L，注意先将 R_L 调到最大），按图 2-20 所示完成接线。经实验指导教师查验通过后，接通电源。

2. 空载实验

S_1、S_2 闭合，S_3 打开。调节交流电源电压 $U=16$ V，然后调节 R_w，使直流输

出电压 $U_o=9\,\text{V}$（若达不到 9 V，则调到最大为止）。按表 2-17 所列各值调节交流电源电压 U，测量所对应的直流输出电压 U_o，并将数据记录于表 2-17 中。

表 2-17 实验数据

U/V	13	14	15	16	17	18	19
U_o/V							

3. 有载实验

S_1、S_2、S_3 均闭合，调节交流电源电压 $U=16\,\text{V}$，然后调节 R_w，使直流输出电压 $U_o=9\,\text{V}$。改变 R_L 值，使 I_o 按表 2-18 所列各值变化，测量所对应的直流输出电压 U_o，将数据记录于表 2-18 中。

表 2-18 实验数据

I_o/mA	7	10	15	20	25	30	33
U_o/V							

4. 用示波器观察波形

利用双线示波器同时观测以下几种情况下的两个电压的波形。
（1）无电容器 C 时，U_i 与 U_o 的波形。
（2）有电容器 C 时，U_i 与 U_o 的波形。
将观察到的各波形描绘于表 2-19 中。

表 2-19 实验记录表

项目	U_i/V		U_o/V	
	理论波形	实际波形	理论波形	实际波形
无电容时				

续表

项目	U_i/V		U_o/V	
	理论波形	实际波形	理论波形	实际波形
有电容时				

※ 注意事项

（1）由于双线示波器的两个输入端共地，所以不要用示波器同时观察交流电源电压 u 和 U_i（或 U_o）两电压波形，否则，因短路将造成桥式整流电路的二极管损坏，甚至因示波器外壳带电造成触电事故。

（2）实验过程中不要使负载（滑线变阻器）短路。

六、预习要求

（1）叙述单相整流、滤波和稳压电路的作用，并指出各单元电路的核心元器件。

（2）根据理论知识，画出表 2-19 所列电压的理论波形（填入表 2-19 中）。

（3）整个电路中的电压可分为交流和直流两种形式，测量电路中的电压 U、U_i 及 U_o 时万用表应分别放在什么挡位（交流电压或直流电压）？为什么？

（4）为什么本实验中用示波器观测波形时要特别注意观测点？只能同时观测哪些电压？

指导教师签字：

七、实验报告

同组成员名单：

（1）分析当电源电压变化时，输出电压是如何稳定的，并用实验数据加以说明。

（2）分析负载电流变化时，输出电压是如何稳定的，并用实验数据加以说明。

（3）根据理论知识，讨论以下几种情况下，输出电压的波形。
① 电容开路；
② 稳压管开路，加以解释。

（4）全面总结将交流电转换成直流电所需要的各个环节，并说明每个环节的作用。

八、实验考核成绩

考核标准和得分记录见表 2-20。

表 2-20 考核标准和得分记录

考核项目 \ 考核标准和得分	考核内容	考核标准	满分值	得分值
1. 预习情况	是否填写预习报告	内容完整 （5分） 整洁 （5分）	10 分	
2. 实验操作	实验仪器和电路的连接情况	正确使用仪器 （20分） 接线正确 （10分）	30 分	
3. 数据采集	数据采集点、数据采集方法是否正确	数据采集点正确 （10分） 数据采集方法正确 （20分）	30 分	
4. 处理故障的能力	出现故障时能否独立解决、解决程度	只要能解决简单的各类故障根据情况可以加分	最多可加 50 分	
5. 纪律和实验态度	是否迟到、实验态度是否端正	无迟到现象 （5分） 实验态度端正 （5分）	10 分	
6. 实验报告	实验数据整理、思考题、计算题、任务书等的完成情况	数据处理与计算 （10分） 任务书工整 （10分）	20 分	

实验总成绩：_____   年   月   日

实验九

基本门电路实验

9.1 简单门电路

一、实验目的

（1）熟悉数字电路的实验设备和实验方法。
（2）熟悉集成电路芯片的管脚布置，了解几种简单集成逻辑门电路的型号。
（3）验证集成逻辑门电路的逻辑功能。
（4）熟悉数字电路的基本实验方法。

二、实验原理

（1）"或"逻辑：表达式为 $Y=A+B$，其含义为只要有一个或一个以上条件满足事件就发生。本实验采用集成芯片 74LS32，它是 14 管脚、二输入四"或"门芯片，其管脚布置如图 2-21 所示。

（2）"异或"逻辑：其表达式为 $Y=A\bar{B}+\bar{A}B=A\oplus B$，其含义为两个条件互为相反时事件就发生，两个条件相同事件不发生。本实验采用集成芯片 74LS86，它是 14 管脚、二输入四"异或"门芯片，其管脚布置如图 2-22 所示。

三、实验设备

（1）数字逻辑电路实验箱　　　　DLS—18　　　　　　　　一台
（2）集成芯片　　　　　　　　　74LS32 和 74LS86 芯片　　各一片
（3）面包板一块，连接导线若干

提示：面包板上已经将若干实验用集成块插接固定。

四、实验内容及步骤

（1）"或"门：$Y=A+B$

按图 2-21 所示接线。引脚 1 和引脚 2（输入端），分别接实验箱上的数据开关 D_1 和 D_2 端，引脚 3（输出端）接实验箱上的显示灯 L，引脚 14（$+U_{CC}$）接实验箱电源的 +5 V，引脚 7（GND）接实验箱电源的地端。拨动开关 D_1 和 D_2 观察显示灯 L 的亮暗情况（注意：DLS—18 型数字逻辑电路实验箱的显示装置是按负逻辑设计的。即输出为低电位时，显示灯亮，反之灯暗），并将结果填入表 2-21 中。

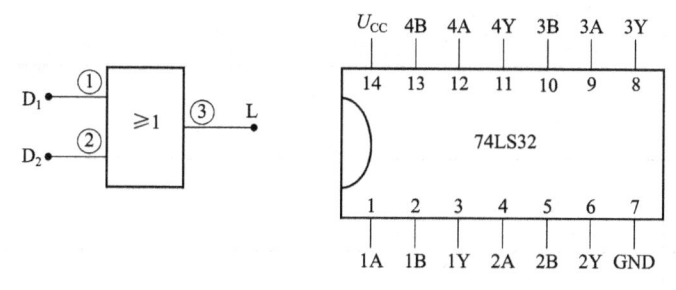

图 2-21 或逻辑电路

表 2-21 或逻辑实验记录表

D_1	D_2	L（填亮暗情况）
0	0	
0	1	
1	0	
1	1	

（2）"异或"门：$Y=A\oplus B$

按图 2-22 所示接线，实验步骤同"或"门。将实验结果填入表 2-22 中，判断是否实现了"异或"门逻辑功能。

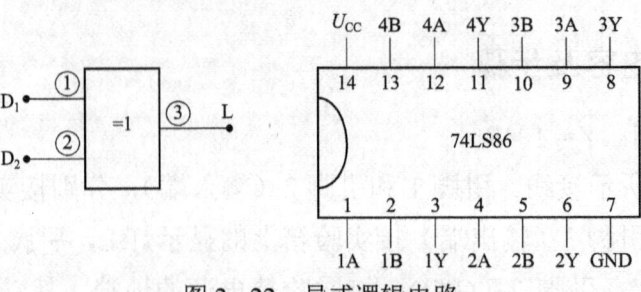

图 2-22 异或逻辑电路

表 2-22 异或逻辑实验记录表

D_1	D_2	L（填亮暗情况）
0	0	
0	1	
1	0	
1	1	

9.2　用"与非"门实现逻辑函数

一、实验目的

（1）熟悉芯片，了解并掌握"与非"门的外部特性及逻辑功能。
（2）掌握用"与非"门实现逻辑函数方法。
（3）练习较复杂数字电路的接线方法。

二、实验原理

通过逻辑变换，任何逻辑函数都可表示成与非-与非表达式。同样异或逻辑 $F = \overline{A}B + A\overline{B}$ 也可通过逻辑变换，表示成 $F = \overline{\overline{\overline{AB} \cdot A} \cdot \overline{\overline{AB} \cdot B}}$ 的形式。本实验采用集成芯片 74LS00，它是二输入四"与非"门芯片，其管脚布置如图 2-23 所示。

三、实验设备

（1）数字逻辑电路实验箱　　　　　DLS—18　　　　　　　一台
（2）集成芯片　　　　　　　　　　74LS00　　　　　　　　一片
（3）面包板一块，连接导线若干

四、实验电路

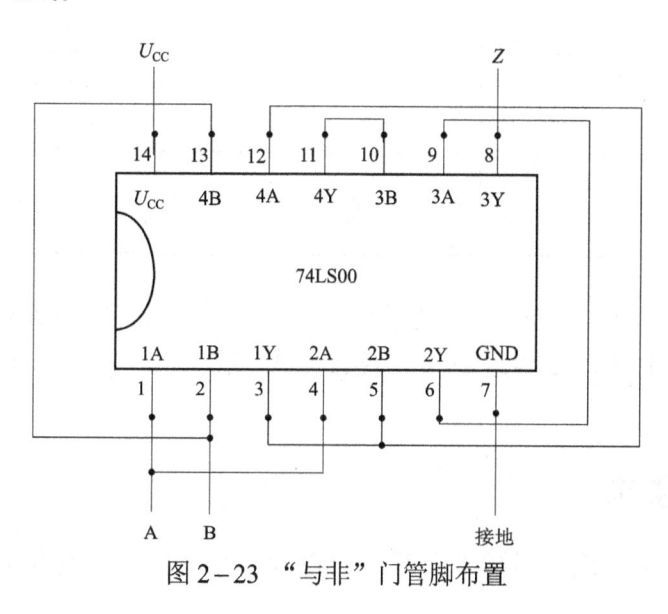

图 2-23 "与非"门管脚布置

五、实验内容及步骤

内容：用与非门实现逻辑函数 $F = \overline{A}B + A\overline{B}$。

步骤：

（1）将逻辑函数转换成"与非"表达式，得

$$Z = \overline{A}B + A\overline{B} = \overline{\overline{\overline{AB} \cdot A} \cdot \overline{\overline{AB} \cdot B}}$$

（2）按逻辑表达式画出逻辑图，如图 2-24 所示。图 2-23 所示为实际接线图（可以有不同接线方法）。在面包板上完成图 2-23 所示电路接线后，再与数字逻辑电路实验箱连接（与前实验相同，接入输入和输出及电源），经指导教师检查后接通电路。拨动数据开关 D_1、D_2，观察输出状态，并将结果填入表 2-23。

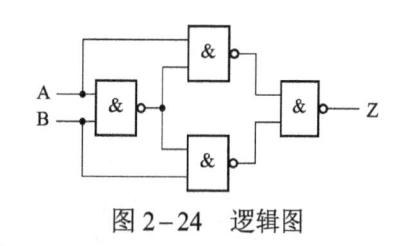

图 2-24　逻辑图

表 2-23　实验记录表

D₁	D₂	L（灯亮暗情况）

（3）对照表 2-23，检验实验结果是否满足函数 $F = \overline{A}B + A\overline{B}$ 的逻辑功能要求。

注意：电源电压不要超过 5 V，接线不要混乱，避免意外短路，否则可能导致器件损坏。

五、预习要求

（1）了解 TTL "或"门和"异或"门以及"与非"门的逻辑功能、外形结构、管脚排列等。

（2）列出"或"逻辑和"异或"逻辑的真值表。

（3）推导出 $Z = \overline{A}B + A\overline{B} = \overline{\overline{\overline{A}B \cdot A} \cdot \overline{\overline{A}B \cdot B}}$

（4）预习第三章 DLS-18 数字电路实验箱部分。

指导教师签字：

六、实验报告

同组人员名单：

（1）如果实验箱采用正逻辑时，指示灯将如何变化？

（2）整理表 2-21、表 2-22、表 2-23 观测结果，画出对应真值表，验证逻辑关系。

（3）说明面包板主要两种面板（大块和小块）上各个插孔的内部电路连通情况。（化简图说明）

（4）如何识别集成电路引脚？

七、实验考核成绩

考核标准和得分记录见表2-24。

表2-24 考核标准和得分记录

考核项目 \ 考核标准和得分	考核内容	考核标准	满分值	得分值
1. 预习情况	是否填写预习报告	内容完整　（15分） 整洁　　　（15分）	30分	
2. 实验操作	实验仪器和电路的连接情况	正确使用仪器（10分） 接线正确　　（20分）	30分	
3. 逻辑验证	实验情况填表正确性	填表正确　　（10分）	10分	
4. 处理故障的能力	出现故障时能否独立解决、解决程度	只要能解决简单的各类故障根据情况可以加分	最多可加50分	
5. 纪律和实验态度	是否迟到、实验态度是否端正	无迟到现象　（5分） 实验态度端正（5分）	10分	
6. 实验报告	实验数据整理、思考题、计算题、任务书等的完成情况	数据处理与计算（10分） 任务书工整　　（10分）	20分	

实验总成绩：_____　　　　　　　　年　　月　　日

实验十

组合逻辑电路综合性实验

一、实验目的

（1）掌握简单组合逻辑电路问题的设计环节。
（2）掌握组合电路的设计方法及简化技术。
（3）按照所设计电路完成接线并验证其逻辑功能。

二、设计要求

用给定的集成电路组件设计一个多输入输出逻辑电路。该电路的输入是一组8421BCD码（四位），当电路检测到输入的代码大于或等于$(3)_{10}$时，电路的输出$F_1=1$，其他情况$F_1=0$。当电路检测到输入的代码大于或等于$(7)_{10}$时，电路的输出$F_2=1$，其他情况$F_2=0$。

组合逻辑电路的框图如图2-25所示。

图2-25 组合逻辑电路的框图

要求：

（1）按实验所提供的芯片完成设计。提供的芯片为三输入三"与非"门芯片2片，型号为74LS10。六门反相器芯片1片，型号为74LS04。其管脚布置如图2-26所示。

（2）电路在面板上完成接线。

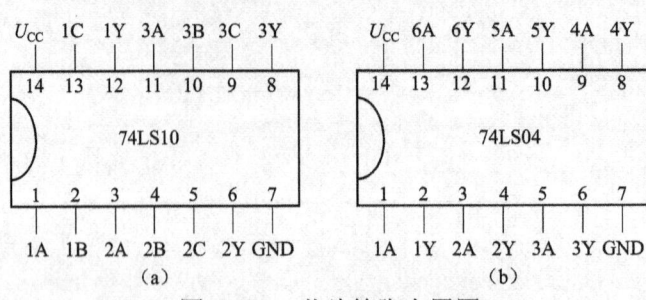

图 2-26　芯片管脚布置图
（a）三输入三"与非"门芯片；（b）六门反相器芯片

三、实验步骤

（1）按设计要求，预先独立完成逻辑电路设计环节。
（2）用所提供的实验器件，在面板上完成接线。
（3）通过数字电路实验箱验证接线的正确性。
注意：电源电压不要超过 5 V，接线要正确，否则可能导致器件损坏。

四、预习要求

（1）了解 74LS10 和 74LS04 两芯片的管脚布置和功能。

（2）按设计要求写出设计过程，包括以下内容：选择变量、变量赋值、真值表、卡诺图或代数法化简、逻辑图等。

（3）实际电路接线图（注意标明各管脚与输入、输出的对应关系）。

指导教师签字：

五、实验考核成绩

考核标准和得分记录见表 2-25。

表 2-25　考核标准和得分记录

考核项目 \ 考核标准和得分	考核内容	考核标准	满分值	得分值
1. 预习情况	是否填写预习报告	内容完整　　　　（5分） 整洁　　　　　　（5分） 电路设计合理　　（30分）	40分	
2. 实验操作	实验电路的连接情况	根据完成时间评分 30 min 内　　　　50分 40 min 内　　　　40分 50 min 内　　　　30分 60 min 内　　　　20分 超过 60 min 无成绩 ※ 接线错一次扣 10 分	50分	
3. 处理故障的能力	出现故障时能否独立解决、解决程度	根据电气设备的故障程度、复杂程度等考虑加分	最多可加50分	
4. 实验报告	任务书等的完成情况	任务书工整　　（10分）	10分	

实验总成绩：_____　　　　　　　　　　　　年　　月　　日

第三部分　常用电工仪表的使用方法

　　用来测量各种电量、磁量及电路参数的仪器、仪表统称为电工仪表。电工仪表的种类繁多，其结构和用途各有不同。为提高基本的电气测量技能，选择正确的测量方法、掌握电工仪表的原理及使用方法是十分必要的。下面结合第二章的实验内容介绍一些最常用的、最基本的电气测量仪表。

一、数字万用表

目前国内广泛使用 DT 系列的数字式万用表,它们具有精度高、性能稳定、可靠性高且功能齐全等特点。下面以 DT-830 型数字式万用表为例,介绍数字式万用表的外形结构、注意事项及使用方法。

1. 外形结构

DT-830 型数字式万用表的面板如图 3-1 所示,它主要由液晶显示器、电源开关、测量转换开关、h_{FE} 插座和测量表笔插孔等组成。后面板装有电池盒。

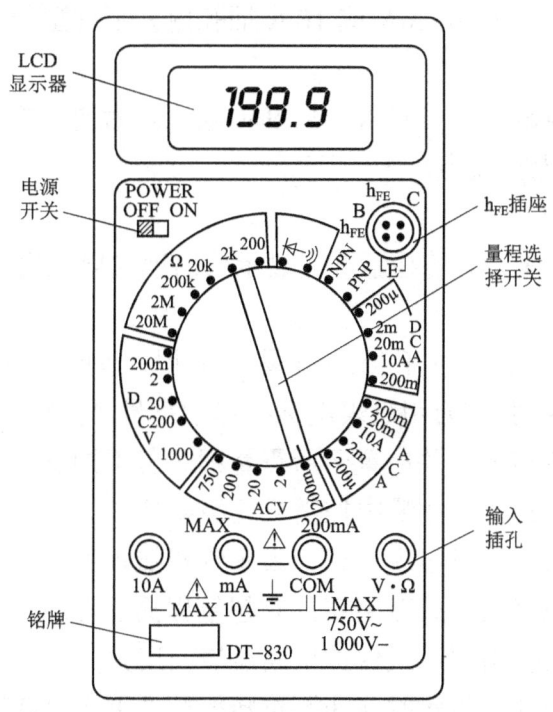

图 3-1 DT-830 型数字式万用表的面板

(1)液晶显示器。该液晶显示屏的数字显示范围为 -1 999~1 999。该表具有自动调零和自动显示极性的功能(当被测电压或电流的极性为负值时,在显示数值前出现"-"号)。当仪表电池电压(内装 9 V 电池)低于 7 V 时,显示屏左侧出现"→"提示符号(称欠电压符号),并闪烁,提示电压过低,需要更换电池。当输入被测量超过选择量程时,显示屏左侧出现"1"提示符号,此时应选择更大的量程。小数点根据选择量程等自动左右移动。

(2)电源开关。左上方标有 POWER 的开关即为电源开关(有些万用表为按钮式开关)。将开关拨到 ON 位置(接通电源),就可以进行相应测量工作。测量结束后应立即关闭电源(拨到 OFF 位置),以免空耗电池。

(3) 测量转换开关。该转换开关共有 28 个转换挡位，提供 28 个测量功能和量程，主要挡位有交直流电压、交直流电流、电阻、二极管和三极管测试等。使用者可根据测量任务不同，选择不同挡位。

(4) 三极管 h_{FE} 插座。它为四孔插座，旁边分别标有 B、C、E（有两个 E 孔，它们内部连通）。测试三极管时将三极管的三个电极 B、C、E 分别插入对应的 B、C、E 孔内，显示屏显示该三极管的直流电流放大倍数。

(5) 测量表笔插孔。位于面板下方的四个插孔用于接入测量表笔。黑色表笔始终插接在 COM 孔内（标有接地"⏚"符号），红色表笔根据被测量的种类和量程不同，分别插接在 V·Ω、mA 或 10 A 插孔内。不同型号的万用表测量表笔插孔的布置有所不同。

(6) 电池盒。电池盒内可装入一只 9 V 电池。为便于检修和更换，过载保护 0.5 A 熔断器也装在电池盒内。

2．使用注意事项

(1) 打开电源开关后，若显示屏无显示或出现欠电压提示符号"→"，应及时更换电池。

(2) 测量电压和电流时不得超过最大量程，如表面标有"MAX1 000V""MAX10A"等，有些数字万用表表面标有提示符号"⚠"。

(3) 测量前测量转换开关应置于所需量程。若不知被测值大小，可将测量转换开关置于最大量程挡，在测量中按需要逐级降挡。

(4) 测量中若显示屏只出现"1"，表示选择量程偏小，需要将测量转换开关置于更大量程挡。虽然数字式万用表具有超量程提示功能，但在测量电流时也要十分小心，否则经常会出现过载保护熔断器烧断现象。

(5) 在测量电阻和二极管时（即测量转换开关置于"Ω"或"⇥"挡位时），电路不允许加电压，即在不加电源、无电流情况下进行测量，以免造成测量数据不准，甚至损坏仪表。

(6) 严禁在测量高电压和大电流时转动测量转换开关，以防止产生电弧，烧坏开关触点。应养成正确的操作习惯，即在进行任何测量前，首先选择好测量转换开关位置。

3．基本使用方法

(1) 直流电压的测量。

直流电压的测量范围为 0~1 000 V，共分五挡，可测量 1 000 V 以内的直流电压。

① 将黑表笔插入"COM"插孔，红表笔插入"V/Ω"插孔。

② 将测量转换开关置于直流电压 DCV 挡（有些表给出的是直流电压挡位图形符号 V⎓）的相应量程。

③ 将表笔并接在被测电路两端，此时显示屏显示数字若为正，说明红表笔侧电位高于黑表侧，若显示为负，则说明黑表笔侧电位高于红表笔侧。

（2）交流电压的测量。

交流电压的测量范围为 0～750 V，共分五挡。将测量转换开关置于交流电压 ACV 挡（有些表给出的是交流电压挡位图形符号 V～）的相应量程。表笔接法、测量方法同（1）。需要指出的是显示屏显示数字为交流电的有效值，不显示正负号，并且表笔不分正负极。

（3）直流电流的测量。

直流电流的测量范围为 0～10 A，共分五挡，可测量 10 A 以内的直流电流。

① 测量范围在 0～200 mA 时，将黑表笔插入"COM"插孔，红表笔插入"mA"插孔。测量范围在 200 mA～10 A 时，黑表笔插入位置不变，红表笔插入"10 A"插孔。

② 将测量转换开关置于直流电流 DCA 挡（图形符号 A⎓）的相应量程。

③ 两表笔与被测电路串联。此时显示器显示若为正值，说明电流从红表笔流入，从黑表笔流出。若为负值，说明电流从黑表笔流入，从红表笔流出。

④ 一般专业实验室为了方便测量电流大小，都设有专用的测量电流表笔。利用电流表笔和测量电流插孔可以方便地完成测量电流工作。

⑤ 对被测电流要进行预先判断，量程选择过低时，电流会烧坏熔断器。

（4）交流电流的测量。

交流电流的测量范围为 0～10 A，共分五挡，可测量 10 A 以内的交流电流。

① 表笔的接法与"直流电流的测量"相同。

② 将测量转换开关置于交流电流 ACA 挡（图形符号 A～）的相应量程。

③ 由于是交流电路，表笔与被测电路串联即可，不分红黑侧，读数为有效值。

④ 对被测电流同样要进行预先判断，量程选择过低时，电流会烧坏熔断器。

（5）电阻的测量。

电阻测量范围为 0～20 MΩ，共分六挡。

① 将黑表笔插入"COM"插孔，红表笔插入"V/Ω"插孔。

② 将测量转换开关置于电阻 Ω 挡的相应量程。

③ 当表笔开路时（未接被测电阻），显示为"1"，表示超量程，因为此时电阻为无穷大，这是正常状态。

④ 将表笔并接在被测电阻两端，显示数据即为电阻值。按挡位读取电阻值，

无须乘倍率。如量程在 MΩ 挡，显示值以 MΩ 为单位；如量程在 kΩ 挡，显示值以 kΩ 为单位。

⑤ 当被测电阻大于 1 MΩ 时，有时几秒钟后数据才能稳定，这属于正常现象。

⑥ 注意被测电阻不要与其他电路并联，否则所测结果不是被测电阻值，而是并联电路的等效电阻。

（6）二极管的测量。

① 将红表笔插入"V/Ω"插孔，黑表笔插入"COM"插孔。注意：与指针式、模拟式万用表相反，数字式万用表此时红表笔带正电；黑表笔带负电。

② 将测量转换开关拨到表示测量二极管的"⟶⊢"挡位。

③ 红表笔接二极管的正极，黑表笔接二极管的负极。此时显示的是二极管的正向导通电压。若二极管为锗管应在 0.150～0.300 V；若二极管为硅管应在 0.550～0.700 V。如果显示为 000，表示二极管已经击穿；显示为 1，表示二极管内部开路。

④ 此挡位也可以用于判断二极管的正负极。

（7）三极管的测量。

可以测得三极管共发射极直流电流放大系数。

① 将测量转换开关拨到"h_{FE}"挡位。

② 将三极管的三个电极分别插入三极管 h_{FE} 插座的相应插孔。

③ 此时显示屏上的数据即为三极管的直流电流放大系数 h_{FE}。

（8）线路通断的检查。

此项功能可以用来确定线路的接通与否，经常用于查找、判断电路故障点，是电路检修最常用的功能之一。

① 将红表笔插入"V/Ω"插孔，黑表笔插入"COM"插孔。

② 将测量转换开关拨到"·)))"挡位。

③ 将两只表笔分别触及被测线路两端，当两点间电阻小于 20 Ω 时，表内蜂鸣器发出声音，表示线路连通，反之，蜂鸣器无声音表示线路断路。

二、直流稳压电源

直流稳压电源是一种将交流电（220 V）转换成直流电的装置。一般它是通过变压、整流、滤波、稳压等电路，将交流电转换成可调的低压直流电，是电工实验常用的仪器设备。它具有稳压、稳流和一定的带负载能力，并具备完善的保护电路。下面以常用的 JW－2 型直流稳压电源为例，介绍直流稳压电源的外形结构、主要功能及使用方法。

1. 外形结构

JW-2型直流稳压电源的外形结构如图3-2所示。它实际上是由两个完全相同的直流电源构成,可以同时提供两路直流电压,所以也可称为双路直流稳压电源。仪器表面主要由电压电流表、电压电流表转换拨动开关、电压转换开关、输出电压微调旋钮、输出电压接线柱、复位按钮、电源开关等组成。

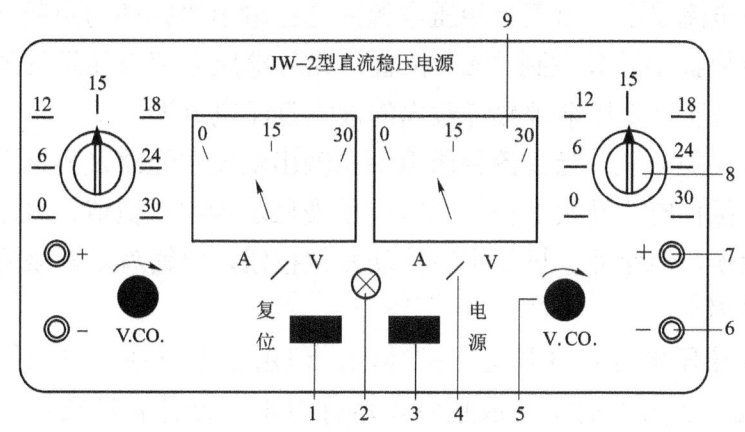

图3-2 JW-2型直流稳压电源的外形结构
1—复位按钮；2—电源指示灯；3—电源开关；4—电压电流表转换拨动开关；5—输出电压微调旋钮；6—输出电压接线柱（负极）；7—输出电压接线柱（正极）；8—电压转换开关；9—电压电流表

（1）电流电压表。拨动电压电流表下方的电压电流表拨动选择开关,当开关在"V"位置时可显示 0~30 V 的直流电压；当开关在"A"位置时可显示输出电流 0~2 A。

（2）电压转换开关和输出电压微调旋钮。电压转换开关共有6个挡位（0 V、6 V、12 V、15 V、18 V、24 V、30 V）。电压转换开关用来实现输出电压的粗调,输出电压微调旋钮用来实现输出电压的微调,两者的合理配合可以快速地调制出实验所需电压。

（3）输出电压接线柱。由于是双路电源,所以仪表面板提供了两对直流输出电压接线柱,从输出电压接线柱可以获得所需要的直流电压。因为输出的是直流电,使用时一定注意正负极的连接。

（4）电源开关。操作电源开关前首先确定直流稳压电源的插销是否与 220 V 交流电源可靠连接。使用直流稳压电源时将电源开关拨到"ON"位置,电源指示灯亮,表示电源已经处在工作状态。将电源开关拨到"OFF"位置,电源指示灯灭,直流稳压电源停止工作。

2. 使用方法

（1）输出电压的调节。当输出电压设定为某一数值时,应先转动电压转换开关实现粗调，然后再利用输出电压微调旋钮实现精确调节。例如：需要输出 10 V 的直流电压时，可先将电压转换开关转动到 12 V 位置，然后缓慢转动微调旋钮（逆时针转动），使输出达到 10 V 即可。由于 JW-2 型直流稳压电源所提供的电压表精度不足，为了获得精度较高的 10 V 电压，最好用精度较高的电压表或万用表测量。

（2）输出电流显示。当直流稳压电源的电压输出接线柱与负载连接时，可将电压电流表转换拨动开关拨到"A"位置，此时电压电流表显示的就是负载电流大小。JW-2 型直流稳压电源允许输出的最大直流电流为 2 A。

（3）复位保护功能。当直流稳压电源在输出端发生短路及异常工作状态时，其内部设置的保护电路开始工作，此时电压表显示为零或负值，表示电路工作不正常。经过检查、纠错后，只要重新按动复位按钮，电路就重新恢复工作。

3. 注意事项

虽然直流稳压电源本身具有保护功能，但由于直流稳压电源的核心部分由电子器件构成，经常性的短路或超负荷运行对电子器件有冲击作用，易造成永久性的损坏，所以，在连接负载电路时还要倍加小心，尽量避免短路或超负荷运行。

三、功率表

实际生产中，经常需要测量用电负载的电功率。直流电路的功率可用分别测量负载的电压和电流的方法，间接求得功率数值（因为 $P=UI$）。交流电路中负载的功率可表示为 $P=UI\cos\phi$，说明功率大小不仅与电压电流的乘积有关，还与功率因数 $\cos\phi$ 有关。功率表就是一种用来直接测量电路负载功率的专门仪表。电动系功率表主要由电动系测量机构与分压电阻串联组成。测量机构的核心部分是测量负载中电流的电流线圈和测量负载上电压的电压线圈。功率表中电流线圈（匝数少）和电压线圈（匝数多）与负载的连接电路如图 3-3 所示。

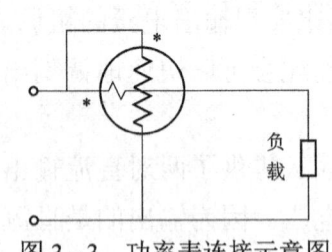

图 3-3 功率表连接示意图

设 α 为指针偏转角，K_P 为比例系数，则

$$\alpha = K_P UI\cos\phi = K_P P$$

说明电动系功率表指针的偏转角与有功功率成正比。

下面以常用的 D51 型电动系功率表为例，介绍功率表的主要使用方法。

1. 外形结构

D51 功率表的外形结构,如图 3-4 所示。它主要由接线柱、转换开关和表盘三部分构成。

(1) 接线柱。左侧两个为电压接线柱(内部为电压线圈),右侧两个为电流接线柱(内部为电流线圈)。上面两个接线柱为同名端,用符号"*"标示。

(2) 转换开关。左侧为电压转换开关,共有 8 个挡位,4 个正电压挡位(600 V、300 V、150 V 和 75 V),4 个负电压挡位(-600 V、-300 V、-150 V 和 -75 V)。右侧为电流转换开关,共 2 个挡位,它们是 0.5 A 挡和 1 A 挡。

(3) 表盘。表盘内最主要的是一条标度尺(满刻度为 75 格)和指针。标度尺上只标分格数,不标瓦特数。当选用的电压、电流挡位不同时,功率表标度尺的每一分格所表示的功率值不同。

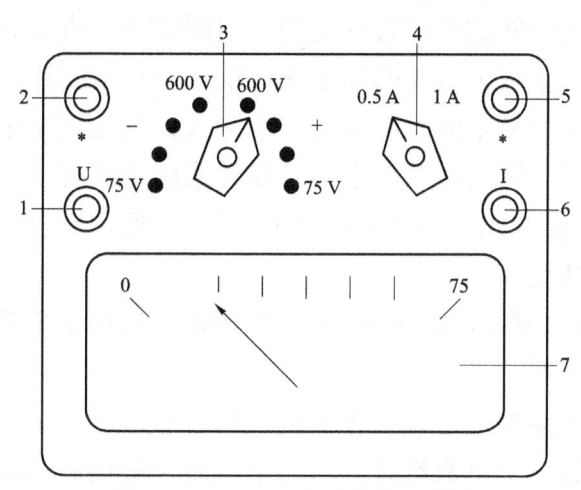

图 3-4 D51 功率表的外形结构
1—电压接线柱;2—电压接线柱(同名端);3—电压转换开关;4—电流转换开关;
5—电流接线柱(同名端);6—电流接线柱;7—功率表表盘

2. 使用方法

使用功率表测量电路功率时,要做到以下几点:

(1) 正确选择量程。

功率表有三种需要选择的量程:电流量程、电压量程和功率量程。

① 电流量程是指仪表内的电流线圈所允许通过的最大电流。如电流转换开关位拨到 0.5 A 挡位,意味着负载电流要小于 0.5 A。本功率表负载电流不允许超过 1 A。

② 电压量程是指仪表内的电压线圈所能承受的最高工作电压。如电压转换开关位拨到 300 V 挡位,意味着负载工作电压最高不超过 300 V。本功率表负载电

压不允许超过 600 V。

③ 只要根据负载的电压、电流情况，选定了电压量程和电流量程，功率量程也就确定了，它是电流量程和电压量程的乘积，即 $P=UI$。例如：电压量程选择 300 V，电流量程选择 0.5 A，则最大量程为 150 W。它相当于是负载功率因数 $\cos\phi=1$ 时的功率值。

由于实际负载的功率因数可能远远小于 1，可能出现虽然功率表的指针未指到满刻度值，但被测电流或电压可能已经超出了功率表的电流量程或电压量程，其后果是可能导致功率表的损坏，这点要特别引起注意。为避免以上损害，在利用功率表测量功率时最好接入电流表和电压表，监视被测电路的电流和电压，使之不超过功率表的电流量程和电压量程，以确保仪表的安全可靠运行。

（2）正确接线。

由于电动系仪表指针的偏转方向与两个线圈中电流方向有关，为防止指针反转，损坏仪表，规定了两个线圈的同名端，仪表面板接线柱上用符号"*"表示。接线时要保证负载电流从电流线圈的同名端流入、电压线圈中电流从同名端流入并与负载并联。按以上原则，功率表与负载的连接方式有以下两种方式：

① 电压线圈前接方式，如图 3–5（a）所示，适用于负载电阻比功率表电流线圈电阻大得多的情况。

② 电压线圈后接方式，如图 3–5（b）所示，适用于负载电阻比功率表电压线圈电阻小得多的情况。

不论采用电压线圈前接还是后接方式，其目的都是为了尽量减小测量误差。另外，为保证功率表安全可靠运行，常将电流表、电压表与功率表配合使用，其接线如图 3–5（c）所示。

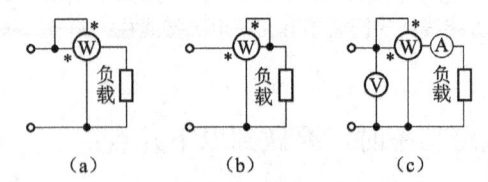

图 3–5 功率表的接线方式
（a）电压线圈前接；（b）电压线圈后接；（c）与电流表、电压表配合使用

实际测量中，如果功率表连接正确，但指针仍反转，这种情况一是发生在负载侧含有电源，并且负载不是消耗而是发出功率场合；二是发生在三相电路的功率测量中。为了获得正确读数，传统的方法是在切断电源后，将电流线圈的两个接线端对调，并且在测量数据前加负号。一般不允许对调电压线圈，一方面易引起较大误差，严重时可能造成电压线圈的绝缘被击穿。为便于改变电流线圈的电

流方向，有些功率表专门设置了一个电流方向转换开关。通过拨动它，可以方便地改变电流方向。而 D51 功率表，在仪表表面上设置了负电压挡位，当发生指针反转现象时，只要通过拨动电压转换开关，改变电压正负号即可。

（3）正确读数。

通常把每一分格所表示的瓦特数称为功率表的分格常数，用 C 表示。有些功率表表内附有表格，标明在不同电流、电压量程时的分格常数 C 值。分格常数 C 也可按下式计算：

$$C = \frac{U_N I_N}{\alpha_m} \text{（W/格）}$$

式中　U_N——功率表的电压量程；

　　　I_N——功率表的电流量程；

　　　α_m——功率表标尺满刻度的格数。

求得功率表的分格常数 C 后，便可求出被测功率大小。

$$P = C\alpha$$

式中　α——指针偏转的格数。

3. 注意事项

实际测量工作中，稍有不当，功率表极易损坏。由于功率表价格较高，损失较大，所以使用功率表测量时一定倍加小心。功率表损坏主要有以下两个原因：一是电流或电压量程选择不当，特别是电流量程选择过小时，极易烧坏电流线圈；二是由于功率量程由电流和电压量程的乘积决定，又因交流电时的功率 $P = UI\cos\phi$，当功率因数 $\cos\phi$ 很小时，虽然指针指示功率较小，但电流或电压可能远远超出量程，造成仪表的损坏。第二条原因要特别引起注意，特别是在测量交流电路的功率时，不要以为被测功率值较小，就认为负载的电流或电压也很小。

四、交流电压表

交流电压表是电工测量常用仪表，它可用于测量交流电路两点间的交流电压。下面以 T51 型交流电压表为例，介绍交流电压表的外形结构和使用方法。

1. 外形结构

T51 型交流电压表的外形结构如图 3-6 所示，它主要由接线柱、电压转换开关和表盘三部分构成。

（1）接线柱。左侧上方两个接线柱连接电压表笔，用于测量电路两点间的交流电压。

（2）电压转换开关。右侧上方为电压转换开关，共有 4 个挡位，它们是 75 V、

150 V、300 V、600 V。

（3）表盘。表盘内主要由一条标度尺（满刻度为100格）和指针组成。标度尺上只标分格数，不标电压数。当选用不同量程时，电压表标度尺的每一分格所表示的电压值不同。

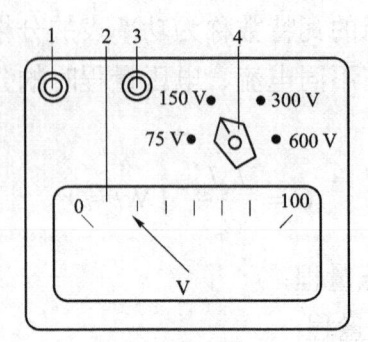

图3-6　D51型交流电压表的外形结构
1，3—表笔接线柱；2—表盘；4—电压转换开关

2. 使用方法

使用电压表测量交流电路电压时，要做到以下几点：

（1）使用电压表测量前，为了准确读数，应检查表针是否在"0"的位置。如果偏离，则利用表面上的调零旋钮，用螺丝刀进行调零操作。

（2）正确选择量程。在掌握实验电路参数基础上，测量前应转动电压转换开关，选择相应挡位。

（3）正确读数。

注意交流电压表显示的电压大小由电压转换开关所选择的挡位决定，选择的挡位不同分格常数 C 就不同。分格常数 C 可按下式计算：

$$C = \frac{U_N}{\alpha_m} \text{（V/格）}$$

式中　U_N——电压表的电压量程；

α_m——电压表标尺满刻度的格数。

求得功率表的分格常数 C 后，便可求出被测电压大小。

$$U = C\alpha$$

式中　α——指针偏转的格数。

例如：电压转换开关选择300 V挡位，指针偏转格数 $\alpha=50$，利用上面公式可求得 $C=3$ V，$U=150$ V。

交流电压表显示的数值是交流电的有效值。

（4）注意使用过程中被测电压不要超过电压表的量程，否则将造成仪表的损坏（如表针弯曲、折断、仪表线圈绝缘损坏等）。当被测电压数值不详时，可将电压转换开关置于最大量程挡（600 V），在测量中按需要逐级降挡。

五、交流电流表

交流电流表是电工测量常用仪表，它可用于测量交流电路中某一支路的交流电流。T51 型交流电流表的表面、使用方法、读数方法等与 T51 型交流电压表基本相同，T51 型交流电流毫安表的外形结构如图 3-7 所示。特别强调以下几点：

（1）使用交流电流表前一定分清仪表是毫安表（mA）还是安培表（A）。

（2）正确选择测量挡位。

（3）电流表更易瞬间损坏，一定注意使用量程。

（4）测量电流时一定要将交流电流表串入被测电路中。一旦并接到负载两端，极易烧坏电流线圈。

（5）一般专业实验室都会提供专用电流测量表笔，注意不要与电压表笔混淆。

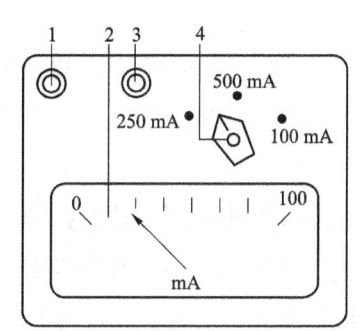

图 3-7 T51 型交流电流表的外形结构
1，3—表笔接线柱；2—表盘；4—电流转换开关

六、低频信号发生器

低频信号发生器是用来产生标准低频正弦信号的一种常用电子仪器，是一种测试用的信号源。它能根据需要输出低频正弦波电压或功率（频率范围一般在 20 Hz～200 kHz，也称为音频信号发生器），供电气设备或电子线路的试验、调试及维修时使用。下面以 XFD-6 型低频信号发生器为例，介绍其组成、工作原理及使用方法。

1. 组成及作用

低频信号发生器主要由振荡器、射极输出器、功率放大器、输出级和直流稳压电源等五部分组成，其组成方框图如图 3-8 所示。

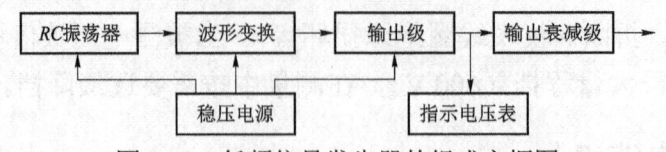

图 3-8　低频信号发生器的组成方框图

（1）主振级。主振级通常用 RC 振荡器来产生低频正弦信号，决定输出频率，其振荡频率范围即为信号发生器的有效频率范围。通过改变选频网络的电容器容量来改变频段，调节电位器使同一频段内的频率连续变化。这种振荡器具有频率调节方便、调节范围宽、振荡频率稳定、谐波失真小等优点。

（2）变换级。变换级是通过电压放大电路或功率放大电路将振荡器的输出信号进行放大或变换，进一步提高信号的能量并达到所要求的波形。

（3）输出级。输出级通常包括衰减器、匹配用阻抗变换器、射极跟随器等电路，通过以上电路，为被测设备提供所需要的输出信号电压或信号功率。

（4）输出指示电路。此部分一般由输出显示电路、电压表、功率表等组成，用来显示输出量的大小。

（5）电源。电源部分通常包括交流变压器、整流和稳压电路，它为低频信号发生器的各部分电路提供所需的各种供电电压，保证它们正常工作。

2. 外形结构

XFD-6 型低频信号发生器的外形结构如图 3-9 所示，其主要由输出电压指示表、输出电压衰减转换开关、输出频率范围转换开关、输出电压微调旋钮、输出频率微调旋钮、输出电压接线柱、电源开关及电源指示灯等组成。

（1）输出电压指示表显示输出正弦交流电压的大小，最大输出电压为 20 V。

（2）输出电压衰减转换开关的电压衰减共有 4 个挡位，分别是：×1、×0.1、×0.01、×0.001。

（3）输出频率范围转换开关的频率范围也为 4 个挡位，分别是：×1、×10、×100、×1 000。

（4）输出电压微调旋钮与电压衰减挡位旋钮配合，可在 0~20 V 连续调节输出电压的大小。

（5）输出频率微调旋钮与频率范围旋钮配合，可在 20 Hz~200 kHz 范围内连续调节输出信号频率。

（6）从输出电压接线柱上可以获得所需要的不同频率、不同大小的正弦交流电压。

（7）使用低频信号发生器时将电源开关拨到"ON"位置，电源指示灯亮，表示仪器已经处在工作状态。将电源开关拨到"OFF"位置，电源指示灯灭，仪器停止工作。

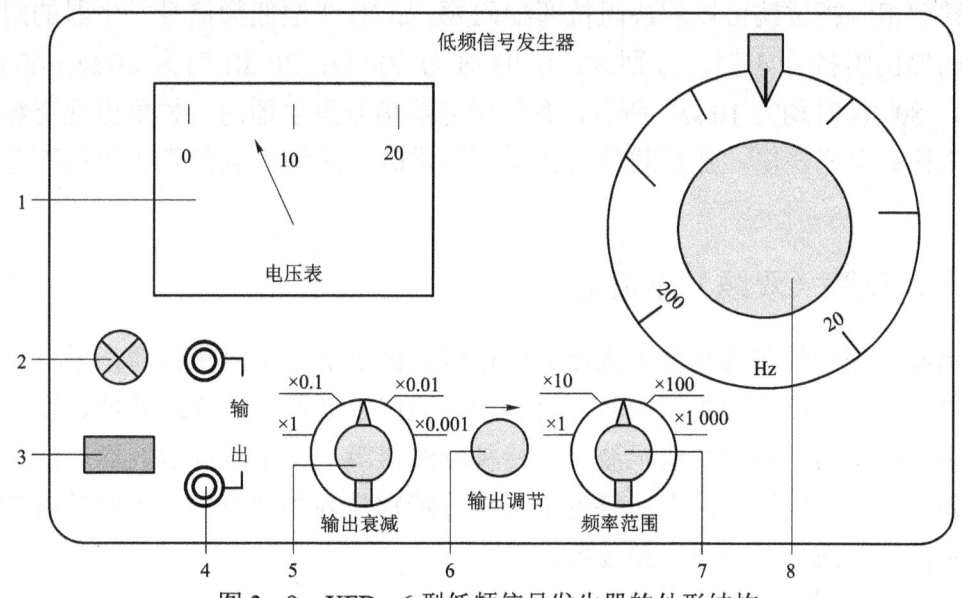

图 3-9　XFD-6 型低频信号发生器的外形结构
1—输出电压显示表；2—电源指示灯；3—电源开关；4—输出电压接线柱；5—输出电压衰减转换开关；
6—输出电压微调旋钮；7—输出频率范围转换开关；8—输出频率微调旋钮

3. 使用方法及注意事项

（1）仪器通电之前，应先检查电源的进线是否正常，再将电源线接入 220 V 交流电源。

（2）开机前，应将输出电压调到最小位置，即输出电压衰减挡位旋钮旋转到×0.001 挡位、输出电压微调旋钮逆时针旋转到最小。频率调节最好也在开机前初步选定。

（3）输出电压采用先空载调节，然后再加载运行的方式获得。如某放大电路需要 5 mV、500 Hz 的交流电压作为信号源，操作过程是：

① 先将输出频率范围旋钮旋转到×10 挡位，再将频率微调旋钮旋转到 50 刻度位置即可（所调节频率的准确度可由示波器或频率计等验证）；

② 接通电源，用万用表等测量仪表，测量两个接线柱上的输出电压，选择输出电压衰减转换开关挡位，耐心调节输出电压微调旋钮，获得 5 mV 交流电压。

③ 将放大电路的输入端与低频信号发生器两个输出电压接线柱连通，再次测量此时的输出电压数值，如发生偏移，再调节输出电压微调旋钮，使输出交流电压达到 5 mV 为止。

（4）对于一个交流信号源而言，除了要关心其电压大小以外，还要考虑信号源的阻抗与负载阻抗匹配的问题，当信号源的内阻抗过大时将严重影响信号的传递。为此，新型的低频信号发生器都设有阻抗衰减转换开关，将阻抗衰减转换开关旋转到相应挡位就可以解决阻抗匹配问题。如 XD7 型低频信号发生器的阻抗衰减器的输出阻抗分 4 挡，分别为：0 dB 时为 600 Ω；20 dB 时为 60 Ω；40 dB、60 dB、80 dB 时均为 10 Ω。所以，在使用低频信号发生器时，如果出现空载时信号发生器有电压输出，加负载信号传递不正常时，应考虑到是否是阻抗不匹配造成的。

七、双踪（双线）示波器

示波器是一种在荧光屏上直接显示电信号波形的电子测量仪器，是一种通用的测量工具。示波器的类型繁多，可分为：通用示波器、取样示波器、存储示波器、逻辑示波器、数字智能示波器、特种示波器等。其中双踪示波器广泛地应用于国防，科研，以及工、农业等各个领域。特别是各类学校的电子实验教学中，双踪示波器已成为必备的实验设备。

1. 普通示波器的组成及原理

（1）普通示波器的组成及作用。

普通示波器的组成方框图如图 3-10 所示，它主要由示波管、Y 轴偏转系统、X 轴偏转系统、扫描及整步系统、电源等五部分组成。

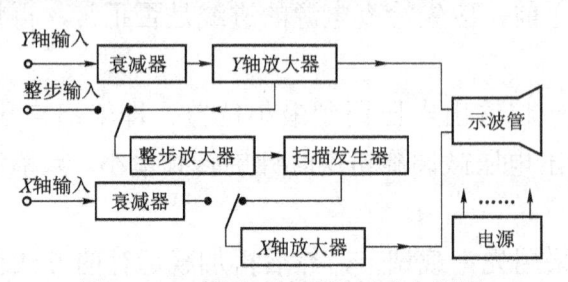

图 3-10 普通示波器的组成方框图

各部分的作用如下：

① 示波管。它是示波器的核心部分，其作用是将被测电信号用发光图像的形式显示在荧光屏上。

② Y 轴偏转系统。该系统主要由衰减器和 Y 轴放大器等组成，其作用是放大被测信号。大小不同的被测信号经过衰减器衰减，转换成微小的电压信号，此信号再经过 Y 轴放大器放大后，提供给 Y 轴偏转板以控制示波管内电子束在垂直方向的运动。

③ X 轴偏转系统。该系统主要由衰减器和 X 轴放大器等组成，其作用是放大由扫描发生器送来的锯齿扫描信号或外加电压信号。衰减器主要用来衰减由 X

轴输入的被测信号，衰减倍数由 X 轴衰减开关进行切换。当此开关置于扫描位置时，由扫描发生器送来的扫描信号经过 X 轴放大器放大后送到 X 轴偏转板，以控制示波管内电子束在水平方向的运动。

④ 扫描及整步系统。扫描发生器的作用是产生频率可调的锯齿波电压，作为 X 轴偏转板的扫描电压。整步系统的作用是引入一个幅度大小可调的电压，用来控制扫描电压与被测信号电压，使它们保持同步，这样在显示屏上就可以获得稳定的波形图像。

⑤ 电源。它主要由变压器、整流、滤波及稳压等电路组成，其作用是向整个示波器各个电路系统提供所需的各种供电电压，保证它们正常工作。

（2）普通示波器的工作原理简介。

示波器的核心部分示波管主要由电子枪和荧光屏及偏转系统三大部分组成。它由灯丝、阴极、控制栅极、第一阳极和第二阳极等组成，电子枪的作用是发射电子束。电子枪的阴极在加热灯丝的作用下发射大量电子，形成电子束。控制栅极、第一阳极和第二阳极等的作用是达到对电子束的一定控制能力。调节控制栅极负电压的高低，可以控制电子束的强弱，从而改变荧光屏上光点的亮度；调节第一阳极和第二阳极的电压可以达到对阴极发射过来的电子进行加速和聚焦的作用。通过以上环节解决了电子束强弱变化、电子的运行速度变化及电子间相互排斥等问题。荧光屏的作用是显示被测波形，它位于示波管的前端，在玻璃内壁上涂有一层荧光粉，从电子枪发生过来的高速电子束撞击荧光粉，使其发光。发光的强弱与电子束的电子数量多少和速度快慢有关。电子数量越多、速度越快，形成的光点越亮；反之越暗。偏转系统的作用是使电子束按要求、有规律地移动，从而在荧光屏上显示出被测波形，主要由垂直偏转板 Y 和水平偏转板 X 构成。对垂直偏转板 Y 和水平偏转板 X 的控制，可达到对电子束的垂直和水平展开的目的。

示波原理简述如下：启动示波器，示波管中的电子枪就会不断地发射电子束。此时被测信号从 Y 轴输入端输入，经过衰减器衰减，Y 轴放大器放大后作用到示波管的 Y 轴偏转板。同时由扫描发生器产生的锯齿波扫描信号经 X 轴放大器放大后作用到示波管的 X 轴偏转板。发射过来的电子束中的电子在 Y 轴偏转板和 X 轴偏转板上电场的共同作用下，产生与被测波形同规律的垂直和水平两个方向上的偏转位移，当电子撞击荧光屏时已发生了偏转。电子撞击荧光屏后发出的光点在人眼视觉残留和扫描频率的共同作用下，在荧光屏上就可以展现与被测电信号波形完全相同的波形。

以上过程中 Y 轴输入的是被测电压，通过 Y 轴偏转决定了波形的大小问题。而 X 轴偏转板上有的是由扫描发生器发出的扫描信号，当扫描信号频率与被测电压频率相同时，扫描电压变化一次，荧光屏上就出现一个完整的被测电压波形。当扫描信号频率与被测电压频率成整数倍关系时，荧光屏上就会出现若干个周期的被测电压波形。根据图 3-10 示波器的组成方框图可知，锯齿波扫描电压和被测电压来自两个不同电路，由于电子电路的随机可变性，两个电压周期的整数倍关系很难长时间保持绝对稳定。整步放大器可以解决以上问题，整步作用是把被测信号电压送入扫描发生器（可知被测信号的频率），使锯齿波扫描电压的频率受到被侧信号频率控制，达到两者同步的效果。由图 3-10 所示的示波器的组成方框图可知，整步电压除了可取自被测信号外，还可取自示波器内部的整步输入。整步电压的选择和大小调节可由示波器面板上的整步选择和整步调节旋钮来实现。

2. 双踪示波器的原理和组成及使用方法

1）双踪示波器的原理简介

双踪示波器（也称双线示波器）就是能在同一荧光屏上同时显示两个被测波形的示波器。波形的显示原理与普通示波器基本相同。为了在一个荧光屏上同时显示两个波形，一般采用以下两种方法实现：一是采用双线示波管，即示波管的构造上就有两个电子枪和两套偏转系统；另一种是用电子开关控制两个被测信号，不断交替地送入普通示波管中进行分时显示。由于电子开关的速度非常快，在示波管的余辉效应和人眼的视觉残留作用下，人们就可以从荧光屏上同时观测到两个被测电压信号。随着电子技术的不断发展和完善，大部分双踪示波器采用第二种显示技术。

2）双踪示波器的使用方法

双踪示波器的型号很多，如 CA8020、XC4320 和 YB4320 等，但使用方法大同小异。下面以常用的 YB4320 型双踪示波器为例，说明双踪示波器的使用方法。

（1）YB4320 型双踪示波器的主要技术指标。

① 垂直系统。

a. CH1 和 CH2 的偏转因数：5 mV/div～5 V/div，按 1-2-5 步进，共 10 挡；

b. 上升时间：≤17.5 ns；上冲：5%；

c. 最大输入电压：400 V（DC+ACp-p）；

d. 输入阻抗：1 MΩ±2，25 pF±3 pF；经探头 10 MΩ±5%，约 17 pF；

e. 垂直系统工作方式：CH1，CH2，CH1+CH2，双踪。

注：div 表示荧光屏上的网格基本单位，长度为 1 cm。

② 水平系统。

a. 扫描方式：×1，×5；×1，×5 交替扫描；

b. 扫描时间因数：0.1 μs/div～0.2 s/div（±5%），按 1－2－5 步进，共 20 挡；

c. 扫描扩展：20 ns/div～40 ms/div。

③ 触发系统。

a. 触发方式：自动、常态、交替、TV－V 和 TV－H；

b. 触发源：内出发（INT）、CH2 触发、电源触发、外触发；

c. 触发极性：+、-。

④ X－Y 工作方式。

a. CH1 为 X 轴，CH2 为 Y 轴；

b. X 轴带宽：DC～500 Hz；

⑤ 校准电压。提供频率 1 kHz（±2%），电平 0.5 V（±2%）的方波信号。

⑥ CH1 输出。

a. 输出电压最小 20 mV/div；

b. 输出阻抗约 50 Ω；

c. 带宽 50 Hz～5 MHz（－3 dB）。

⑦ 电源：50 Hz±5%，220 V±10%。

（2）YB4320 型双踪示波器的前后面板。

YB4320 型双踪示波器的前后面板如图 3－11 所示，它主要由电源、垂直系统、水平系统及触发等四部分组成。

注：下面内容中若出现图 3－11 中数字含义时用〔数字〕形式表示。如〔1〕表示电源开关。

① 电源部分。

a. 电源开关〔1〕：为按键式示波器主电源开关。按入指示灯〔2〕亮，表示示波器工作；弹出指示灯〔2〕灭，示波器停止工作。

b. 亮度旋钮〔3〕：左右旋转可以调节光点和扫描线的亮度。

c. 聚焦旋钮〔4〕：与亮度旋钮相配合，可调节扫描线的清晰度。

d. 光迹旋转旋钮〔5〕：用来调整水平扫描线，使光迹与水平刻度线平行。

e. 刻度照明旋钮〔6〕：用于调节屏幕刻度亮度。

② 垂直系统部分。

a. 通道 1 输入端〔30〕〔CH1 INPUT（X）〕：Y1 的垂直输入端。X－Y 工作方式时作为 X 轴输入端。

b. 通道 2 输入端〔24〕〔CH1 INPUT（Y）〕：Y2 的垂直输入端。X－Y 工作方式时作为 Y 轴输入端。

c. 耦合选择开关〔29〕（AC－GND－DC）：选择垂直放大器的耦合方式。交

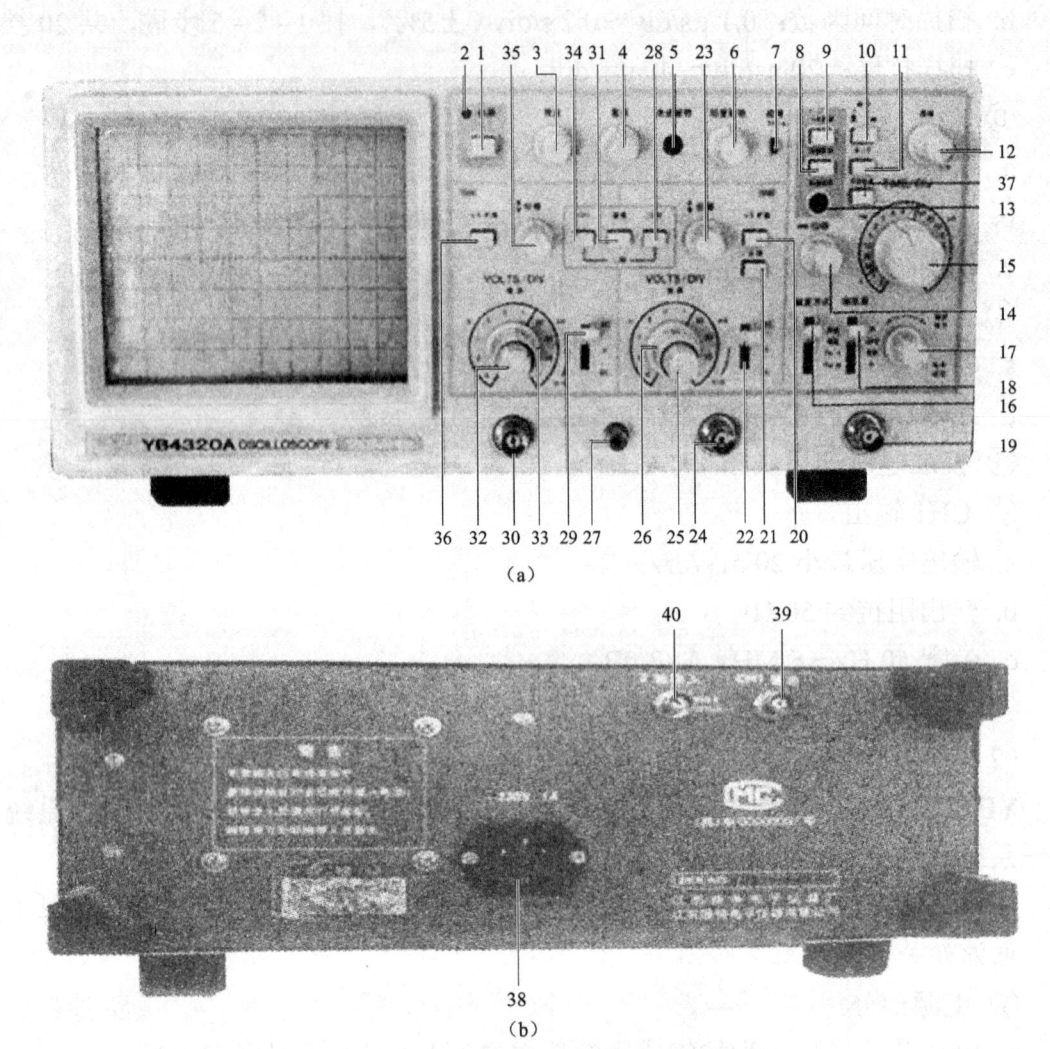

图 3-11　YB4320 型双踪示波器的前后面板
（a）YB4320 示波器前面板；（b）YB4320 示波器后面板

1—电源开关；2—电源指示灯；3—亮度旋钮；4—聚焦旋钮；5—光迹旋转旋钮；6—刻度照明旋钮；7—校准信号；8—交替扩展；9—扩展控制键；10—触发极性选择；11—X-Y 控制键；12—扫描微调控制旋钮；13—光迹分离控制键；14—水平位移旋钮；15—扫描时间因数选择；16—触发方式选择；17—出发电平旋钮；18—触发源选择开关；19—外触发输入端；20—通道 2×5 扩展；21—通道 2 极性选择；22—通道 2 耦合选择；23—通道 2 垂直位移；24—通道 2 输入端；25—通道 2 垂直微调旋钮；26—通道 2 衰减器；27—接地柱⏚；28—通道 2 选择；29—通道 1 耦合选择；30—通道 1 输入端；31—叠加；32—通道 1 垂直微调旋钮；33—通道 1 衰减器；34—通道 1 选择；35—通道 1 垂直位移；36—通道 1×5 扩展；37—交替触发；38—～220 V 交流电源插座；39—CH1 输出；40—Z 轴输入

流（AC）—阻容耦合，用于观测交流信号；接地（GND）—电路的输入端一端接地，这样可在不断开被测信号的情况下，为示波器提供接地出参考电平；直流（DC）—直接耦合，用于观测直流或变化缓慢的信号。

d. 衰减开关〔26〕、〔33〕（VOLT/DIV）：共 10 挡，按 1-2-5 步进，在

5 mV/div～5 V/div，分别对通道 2 和通道 1 选择垂直偏转因数。如果使用 10∶1 的探头，计算时应将幅度×10 倍。

e. 垂直微调旋钮〔25〕、〔32〕（VARIABLE）：分别连续改变通道 2 和通道 1 的电压偏转灵敏度，正常情况下应将此旋钮顺时针旋转到底，使其处于校准位置。将旋钮逆时针旋转到底，垂直方向的灵敏度下降到 2.5 倍以上。

f. CH1×5 扩展〔36〕（CH1×5MAG）、CH2×5 扩展〔20〕（CH2×5MAG）：对通道 1 或通道 2，按下此键垂直方向的信号扩大 5 倍，最高灵敏度为 1 mV/div。

g. 垂直位移〔23〕、〔35〕（POSITION）：分别调节 CH2、CH1 的扫描线或光点在垂直方向上的移动。

h. 垂直工作方式（VERTICAL MODE）。

Y_1 单独工作〔34〕：按下 GH1 按钮，屏幕上只显示通道 1 的电压波形。

Y_2 单独工作〔28〕：按下 CH2 按钮，屏幕上只显示通道 2 的电压波形。

双踪工作：同时按下 GH1、CH2 按钮，屏幕上会同时显示通道 1 和通道 2 的电压波形。

叠加工作〔31〕：按下 ADD 健，屏幕上显示的波形是 GH1 和 CH2 两通道输入电压信号的代数和。

i. CH2 极性选择〔21〕（INVERT）：按下此按钮时屏幕上显示与通道 2 输入电压相位相反的电压信号。

③ 水平系统部分。

a. 扫描时间因数选择开关〔15〕（TIME/DIV）：共 20 挡，在 0.1 μs/div～0.2 s/div 范围选择扫描时间因数。

b. 扫描微调控制旋钮〔12〕（VARIBLE）：正常工作时，此旋钮顺时针旋转到底，处于校准位置，此时扫描时间由 TIME/DIV 开关位置指示。将旋钮逆时针旋转到底，扫描时间减少 2.5 倍以上。

c. 水平位移〔14〕（POSITION）：用于调节波形在水平方向的移动。

d. X–Y 控制键〔11〕：选择 X–Y 工作方式，Y 信号由 CH2 输入，X 信号由 CH1 输入。

e. 扩展控制键〔9〕（MAG×5）：按下此键，扫描时间因数×5 扩展。扫描时间是 TIME/DIV 开关指示数值的 1/5，将波形尖端移到屏幕中心，按下此键，波形将部分扩展 5 倍。

f. 交替扩展〔8〕（ALT–MAG）：按下此键，工作在交替扫描方式。屏幕上交替显示输入信号及扩展部分，扩展后的波形可由光迹分离控制键〔13〕进行移位。同时使用垂直双综（DUAL）方式和水平（ALT–MAG）方式，可在屏幕上同时显示四条光迹。

④ 触发部分（TRIG）。

a. 触发源选择开关〔18〕（SOURCE）：共有4个挡位。

内触发（INT）：适用于需要利用 CH1 或 CH2 上的输入信号作为触发信号的情况；

通道触发（CH2）：用于需要利用 CH2 上被测信号作为触发信号的情况，如比较两个信号的时间关系等用途时；

电源触发（LINE）：电源成为触发信号，用于观测与电源频率有时间关系的信号；

外触发（EXT）：以外触发输入端〔19〕（EXT INPUT）输入的信号为触发信号，当被测信号不适于作触发信号等特殊情况时，可用外触发。

b. 交替触发〔37〕（ALT TRJG）：在双综交替显示时，触发信号交替来自 CH1、CH2 两个通道，用于观测两路不相关信号。

c. 触发电平旋钮〔17〕（TRIGLEVEL）：用于调节被测信号与某一电平触发同步。

d. 触发极性选择〔10〕（SLOPE）：用于选择触发信号的上升沿或下降沿触发，分别称为+极性或-极性触发。

e. 触发方式选择开关〔16〕（TRIG MODE）：共有4个挡位。

自动（AUTO）：扫描电路自动进行扫描。在无信号输入或输入信号没有被触发同步时，屏幕上仍可显示扫描基线。

常态（NORM）：有触发信号才有波形，没有触发信号屏幕上没有波形（连扫描基线都不出现）。

TV-H：用于观测电视信号中行信号波形。

TV-V：用于观测电视信号中场信号波形。仅在触发信号为负同步信号时，TV-H 和 TV-V 同步。

⑤ 校准信号〔7〕（CAL）：提供 1 kHz，0.5 Vp-p 的方波作为校准信号。

⑥ 接地柱⊥〔27〕：接地端。

(3) 测量前的准备工作。

① 检查电源电压：将电源线插入 220 V 的交流电源上。后面板下方装有熔断器，若出现不正常停止供电现象，请检查熔断器的熔丝是否熔断。

② 打开电源开关前，首先按照表 3-1 所示，将相应开关和旋钮设定在指定位置。

表 3-1　各开关和旋钮的位置

开关名称	设置位置	开关名称	设置位置
电源开关〔1〕	弹出	亮度旋钮〔3〕	逆时针旋转到底
聚焦〔4〕	中间	所有（×5）扩展键	弹出
垂直工作方式〔34〕	CH1	触发方式〔16〕	自动
触发源〔16〕	内	触发电平〔17〕	中间
V/div〔33〕	10 mV/div	T/div〔15〕	0.5 ms/div
垂直微调〔32〕	校准	水平微调〔12〕	校准
AC-GND-DC〔29〕	GND	水平位移〔14〕	中间

③ 打开电源：调节亮度和聚焦旋钮，使扫描基线清晰度较好。在后面板上有 Z 轴输入端，可通过此输入端加入正信号使辉度降低，加入负信号使辉度增加。可通过在此输入端加入正信号或负信号的方式改变辉度。加入正信号，使辉度降低；加入负信号，使辉度增加。

④ 调节 CH1 垂直位移：使扫描基线设定在屏幕的中间，若此光迹在水平方向略微倾斜，调节光迹旋转旋钮使光迹与水平刻度线相平行。

⑤ 校准探头：方波校准信号经探头输入到 CH1 通道，出现不失真的方波波形为最佳补偿。若出现失真，则需要调节探头上的微调器，直至最佳值。

（4）测量信号的步骤。

① 将被测信号输入到示波器的通道输入端。注意输入电压不可超过 400 V（DC＋ACp-p）。使用探头测量大信号时，必须将探头衰减开关拨到×10 位置，此时输入信号缩小到原值的 1/10，实际的 V/div 值为显示值的 10 倍。例如：V/div 置于 0.5 V/div 挡位，实际值就等于 0.5 V/div×10＝5 V/div。测量低频小信号时，可将探头衰减开关拨到×1 位置。如果要测量波形的快速上升时间或高频信号，必须将探头的接地线接在被测信号附近，达到减少失真的目的。

② 测量被测信号的不同参数时测量方法有所不同，测量时应根据测量方法变化，选择各旋钮和开关的位置，使信号正常显示在屏幕上，记录测量的读数或波形。读数时必须注意将 Y 轴垂直微调旋钮和 X 轴水平微调旋钮旋至"校准"位置。因为只有在"校准"位置时才可以按开关 V/div 及 T/div 指示值计算所得测量结果。同时还应注意，面板上标定的垂直偏转因数 V/div 中的 V 是指峰—峰值。

③ 对记录的读数、波形等进行分析、运算、处理，得到测量结果。

（5）示波器的基本测量方法。

示波器的基本测量技术是利用它所显示的被测信号的时域波形，对被测信号的基本参数（如电压、周期、频率、相位、时间、失真等）进行时域特性的测量。示波器所做的任何测量，最终归结为对被测信号的电压测量。它不仅可以测量直流电压、交流电压、脉冲或非正弦电压的幅度，还可以测量各电压的波形以及相位，是其他电压测量仪器所不能比拟的。示波器是用直接测量法完成测量任务的。所谓直接测量法就是读取屏幕上被测信号波形所占的 div 数（格数），然后换算成电压或时间等的测量方式。

① 测量直流电压。

首先触发方式开关〔16〕置于"自动"挡位，Y 轴输入耦合开关〔29〕置于"GND"挡位，使屏幕出现一条水平扫描线。调节垂直位移旋钮〔35〕使扫描线处在中间或适当位置，将它作为零电平线。再将 Y 轴输入耦合开关〔29〕置于"DC"位置，从通道 1〔30〕加入被测信号，此时扫描线在 Y 轴方向产生跳变位移，扫描线位移的格数与 Y 轴偏转因数的乘积就是被测直流电压值。

若扫描线产生正跳变（向零电平线的上方）位移 5 div，Y 轴衰减开关〔33〕在 1 V/div 挡位，则被测直流电压为 5 div × 1 V/div = 5 V。若产生负跳变则说明被测直流电压为负值。

② 测量交流电压。

测量不含直流分量的正弦交流电压。首先触发方式开关〔16〕置于"自动"挡位，将输入端短路，使屏幕出现一条水平扫描基线。将 Y 轴输入耦合开关〔29〕置于"AC"位置；如果被测信号的频率较低，则将 Y 轴输入耦合开关〔29〕置于"DC"位置，否则受电路频率响应的限制，会产生较大的测量误差。被测信号从通道 CH1 或 CH2 加入。当输入信号频率高于 20 Hz 时，通过调节调节电平触发旋钮〔17〕，获得稳定波形；当输入信号频率低于 20 Hz 时，触发方式须通过触发方式选择开关〔16〕置于"常态"位置。适当选择 Y 轴衰减开关〔33〕，使显示波形具有一定幅度。注意调至过大可能进入显示限幅状态，判断是否进入显示限幅状态的简易方法是使输入信号增大一倍或减少 50%，此时显示波形也应按比例地变化。调节垂直位移旋钮〔35〕使被测波形处在中间或适当位置，读取 div 值，则被测电压的峰–峰值 V_{p-p} 等于 V/div 开关〔33〕指示值与 div 值的乘积。如果使用探头衰减（×10 位置）测量时，应把探头的衰减量计算在内，即把上述计算值乘以 10。

如被测电压波形如图 3–12（a）所示，示波器 Y 轴衰减开关〔33〕在 1 V/div 挡位，被测波形幅度为 6 div，则

该信号的峰–峰值为 V_{p-p} = 6 div × 1 V/div = 6 V

最大值为 U_m = 3 div × 1 V/div = 3 V

有效值为 $U=U_m/\sqrt{2}=3/\sqrt{2}=2.12$（V）

如果测量时使用了探头衰减（×10 位置），则被测电压的有效值为 $U=2.12×10=21.2$（V）。

测量含有直流分量的正弦交流电压。当需要测量含有直流分量的电压瞬时值时，与测量直流电压一样，要先调出零电平基线。然后将耦合选择开关〔29〕置于"DC"位置，接入被测信号，根据屏幕上显示波形，测量出任意点相对于零电平线的电压值，可得直流和任意点电压值。

如被测电压波形如图 3-12（b）所示，示波器 Y 轴衰减开关〔33〕在 1 V/div 挡位。若 aa′线为零电平基线，bb′相对于 aa′为 3 div，正弦波峰点相对于 aa′为 4.5 div，峰-峰值所占高度为 3 div。则

直流分量为　　　　　　　$U_o=3\ \text{div}×1\ \text{V/div}=3\ \text{V}$
峰点电压瞬时值为　　　　$U_p=4.5\ \text{div}×1\ \text{V/div}=4.5\ \text{V}$
峰-峰值为　　　　　　　$V_{p-p}=3\ \text{div}×1\ \text{V/div}=3\ \text{V}$
最大值为　　　　　　　　$U_m=V_{p-p}/2=1.5$（V）
有效值为　　　　　　　　$U=U_m/\sqrt{2}=1.5/\sqrt{2}=1.06$（V）

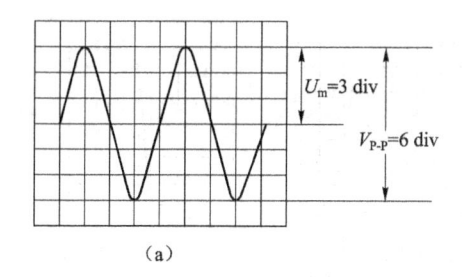

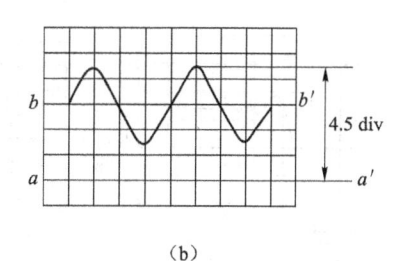

图 3-12　测量正弦电压

③ 测量时间。

当屏幕上显示被测波形后，适当调节垂直位移旋钮〔23〕和水平位移旋钮〔14〕及扫描时间因数选择开关〔15〕，就可以获得波形水平方向的被测两点间隔 div。再根据扫描时间因数选择开关〔15〕的位置，就可以求得时间值。

如被测电压波形如图 3-12（a）所示，示波器扫描时间因数选择开关〔15〕的位置在 2 ms/div 位置，则整个波形的时间为 8 div×2 ms/div=16 ms。

④ 测量周期与频率。

与测量时间③的过程完全相同，测量周期的本质就是测量周期函数重复一次所需要的时间，频率与周期成倒数关系，所以只要掌握了测量时间的方法，周期和频率可就会测量了。以图 3-12（a）为例，该正弦波的周期为 $T=4\ \text{div}×2\ \text{ms/div}=8\ \text{ms}$。频率为 $f=1/T=1/(8×10^{-3})=125$（Hz）。

⑤ 测量脉冲信号参数。

利用示波器测量脉冲信号参数是最好的测量方法。由于示波器 Y 轴电路中有延迟电路，使用内触发方式〔18〕能够很方便地测出脉冲上升沿和下降沿的时间。测量脉冲上升时间时可将波形调整到图 3–13（a）所示状态。调整脉冲幅度，使其占 5 div，并使 10% 和 90% 电平处在网格上，这样方便读出上升时间。测量脉冲宽度时可将波形调整到图 3–13（b）所示状态。调整脉冲幅度使其占 6 div，此时 50% 电平恰好在网格横线上，再调节水平位移旋钮，就可方便读出 div。测量脉冲幅度时可将波形调整到图 3–13（c）所示状态。适当调节 Y 轴衰减开关〔33〕位置，使波形较大，然后调节垂直位移旋钮〔35〕，就可方便读出 div。

当示波器 Y 轴偏转因数处在 1 V/div，扫描偏转因数处在 1 μs/div 时，图 3–13 所示被测波形参数为

上升时间：0.5 div × 1 μs/div = 0.51 μs

脉冲宽度：5.7 div × 1 μs/div = 5.7 μs

脉冲幅度：4.5 div × 1 V/div = 4.5 V

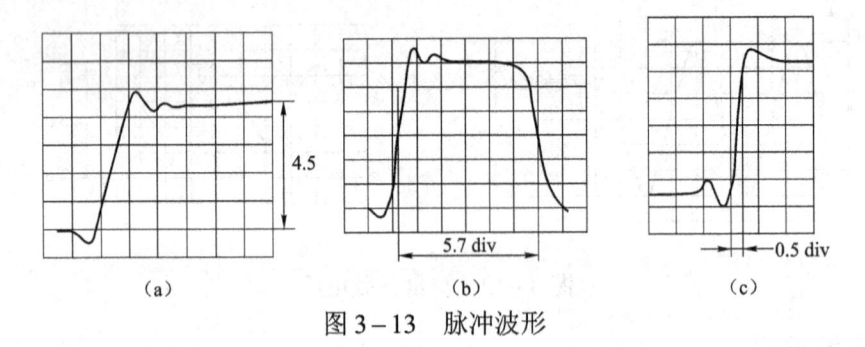

图 3–13 脉冲波形

（5）使用注意事项。

示波器内部电路比较复杂，价格比较昂贵，一旦损坏，损失很大。所以使用前一定要充分阅读示波器的使用方法和注意事项，使用中要格外精心。

① 使用前必须检查电网电压是否与示波器要求的电源电压相一致。

② 通电后需要预热 15 min 后再进行测量工作。必须注意亮度不可调的过大，且亮点不可长时间停留在一个位置上，以免缩短示波管的使用寿命。示波器短时不用时可将亮度旋钮逆时针旋转到底，不用关掉示波器电源。

③ 通常信号输入线都使用屏蔽电缆。示波器探头有些带有衰减器，读取数据时要考虑到。各种型号示波器的探头应专用，否则可能引起较大测量误差。

④ 使用中出现问题，及时请教相关技术人员。

八、DLS-18 数字电路实验箱

1. 概述

DLS-18 数字电路实验箱是为数字电路实验专门设计、生产的实验装置。其构成有以下几部分：

（1）10 M 内方波信号发生器，可产生 3～12 MHz 脉冲信号，脉宽可调；

（2）16 组拨动开关及发光二极管电路；

（3）2 组微动开关及其可选的 RS 触发器电路；

（4）通用逻辑测试板；

（5）三路开关电路（±12 V、0.2 A；5 V、3 A）；

（6）实验信号圆孔插座；

（7）TS 接口。

2. 各组成部分的使用及功能

（1）DLS-18 数字电路实验箱各部分位置示意图，如图 3-14 所示。

电源部分	方波发生器	TS接口
通用逻辑测试板			
开关及发光二极管电路		微动开关及 RS触发器电路

图 3-14 DLS-18 数字电路实验箱各部分位置示意图

（2）通用逻辑测试板。通用逻辑测试板由四组进口面包板组成，每组有 3 块面包板。它们的连通特点是：上、下两块窄面包板横向全部连通，纵向不连通。而中间的宽面包板纵向 5 个插孔连通，横向不连通。一般为方便实验，集成块插接在中间的宽面包板上，而窄面包板用来连接电路的电源或地线。当实验电路由多个单元电路构成时最好将每个单元电路部分分别安装在四组面包板上。对于面包板连通情况的进一步认识，可通过万用表或 16 组拨动开关及发光二极管电路等加深印象。

（3）10 M 信号发生器。调节 W_1，使 H24 端输出实验所需的某一频率的方波信号。调节 W_2 使 H23 端输出特定占空比的输出信号。

（4）16组二进制开关及发光二极管。每一组上方有四个接线圆插孔。左侧两个圆插孔为开关信号的输出端，通过拨动开关，改变其上下位置，可使输出端为高电位或低电位。当开关拨至上方时输出低电平，当开关拨至下方时输出高电平。右侧两个圆插孔为发光二极管的输入端，当输入高电平时发光二极管不亮，当输入低电平时二极管发光。从输入输出的逻辑关系可以看出，此实验箱是按负逻辑规定设计的。开关的状态与二极管的亮暗同样可用接线法或万用表验证。

（5）微动开关及 RS 触发器部分。消抖电路的每个输出端有四个圆插孔，其中的 KK_1、KK_2 为消抖输出端，KK_1'、KK_2' 为无消抖的输出端。当不按动微动开关 SW_2 时，这四个输出均为低电平；当按动 SW_2 时就产生一个消抖和一个无消抖的短暂高电平信号。根据实验要求选择其中之一作为触发信号。